Thomas Cathcart

THE TROLLEY PROBLEM

—— or ——

Would You Throw the Fat Guy
off the Bridge?

A PHILOSOPHICAL CONUNDRUM

电车难题

该 不 该 把 胖 子 推 下 桥

〔美〕托马斯·卡思卡特 / 著

朱沉之 / 译

致 谢

我的一些聪明而又慷慨的朋友,曾看过我先前的手稿,提出了许多富有创意的意见。我要感谢我的朋友彼得·金博士,他对于电车难题做了细心的分析,并提供了诸多现实的例子。我也要感谢金博士的家人在饭桌上参与我们的讨论。

我最亲密,也是最年长的朋友丹尼·克莱因,给予了我莫大的鼓励,并提出许多绝妙的点子。他的声音也总萦绕于我耳边,提醒我再清楚些,再慢些,再循序渐进些。在与他合著几本书的过程中,他一直都是我的导师。是他教会了我如何写书,我要感谢他。

生命中有两位坚毅非凡的女性,这也实属我的幸运。我的妻子埃洛伊丝是一位优秀的作者和编辑。书稿的许多版本她都曾过目并修改,使得书稿有了明显的改进。但她不懈的鼓励、支持和爱对我来说更加重要。我要感谢她。

我的女儿埃丝特,深得许多人和小狗儿的喜爱。她的爱与幽默也使我受益良多。

沃克曼出版社的编辑马戈·赫雷拉,总是无视于我的抵触,情致昂扬地鼓励我修改文稿。谢谢你,马戈,你的想法都非常好。

另外,我也要郑重感谢我的经纪人茱莉娅·洛德。她和上帝有一个共同之处:没有她,就没有一切。

目 录

序言：有问题的电车 / 1

新闻报道 / 11

警方声明 / 17

陪审团的一堂公民课 / 21

检察官的指控 / 27

辩方答辩 / 43

教授的分析 / 55

心理学家的意见 / 75

主教的陈述 / 89

无私者的困境 / 101

老师之间的谈话 / 123

法官的指示 / 135

陪审团的决定 / 141

后记：然后怎样？ / 157

序 言

有问题的电车

一个思想实验,近五十年前出现在英国的一份哲学刊物上,却于不经意间成为全世界大学校园、教师休息室、餐桌闲谈、大众杂志和学术期刊中为人津津乐道的脑筋急转弯。从这个"电车难题"之中,几乎派生出一个迷你学术门类,被人戏称为"电车学"。今天的电车学家之中有哲学家、心理学家、神经学家、进化理论家,也有普通人。

最早的电车难题,是英国哲学家菲莉帕·富特(Philippa Foot)于1967年提出的。难题的内容十分简洁:一辆有轨电车失去了控制,司机看见前方的轨道上有五个人。司机可以任凭电车继续前行,这样一来,这五人一定都会被撞死(这五个人不知何故都无法离开轨道);司机也可以将电车转向,开到一条岔道上,而这样只会撞死另一个人。那么,司机是否应当把电车开到人少的轨道上,撞死一个人,而不是五个人呢?富特还进一步推想,如果杀死一个人,用他的尸体制成救人的灵药,这和电车的情形有什么不同?富特认为,我们大多数人都会赞成第一种情形,也就是将电车改道,杀一救五;但却会反对第二种情况,也即杀人制药。她觉得,面对这两种情形的不同反应,实在很值得深究。

1985年,一位名叫朱迪思·贾维斯·汤姆森(Judith Jarvis Thomson)的美国哲学家将这个问题又作了进一步的展开:这一次,是你亲自看见一辆失去控制的电车沿着轨道疾驰而去,而你则站在一个道岔开关的旁边。你可以无动于衷,任凭电车继续前行,撞死那五个人;或者你也可以扳动道岔,将电车引至侧线,只撞死另外的那个人。这里的一个新的条件是:和电车司机不同,你并没有在两条轨道之间作出选择的职业责任。如果你愿意的话,你可以什么都不做。当然,我们也可以说那位电车司机也可以无动于衷,让电车继续前行,但在他的日常工作之中,他就必须不断地在轨道之间作出选择,因此他的"无动于衷",至少在伦理道德上比一个毫无干系的旁观者来得更复杂些。汤姆森的这个问题,简而言之就是:作为一个旁观者,你是应当无动于衷,将一切交付于命运,还是应当扳动道岔,杀一而救五?

这两位哲学家也提出了许多其他的情形借以比较,虽然多有雷同,但也可说在某些方面存在差异。最有名的一个例子就是由汤姆森提出的:你站在一座跨越电车轨道的天桥上。没有道岔,也没有侧线。只有唯一的一条轨道和轨道上的那五个人。如果你无动于衷的话,这五个人必死无疑。你发现,要救这五个人的性命,唯一的办法就是在电车前投以重物,迫其停止。你身边唯一的,其重量足以挡住电车的,是同时站在天桥上的一个胖子。你是否应当将他推落下桥,从而挽救那五个人的性命?这与是否扳动道岔,有没有本质上的区别?

从那以后,哲学家、心理学家和研究大脑的科学家们,都试图解释为什么大多数人觉得扳动道岔可取,而推人下桥当责。各种版本的电车难题纷纷出现,而电车学家们则一直在寻求答案:扳动道岔和推人下桥之间的区别究竟在哪儿?或者两者之间其实根本就没有本质区别?普林斯顿大学哲学教授科瓦梅·阿皮亚(Kwame Appiah)就曾说过,这些差异细微、数量庞大而又不断涌现的评论,"令《塔木德》都显得宛如 CliffsNotes* 一般精简"。

一些哲学家和许多业余的观察者们,都曾质疑此类思想实验的价值。毕竟,真实生活中的抉择显然复杂得

---

* 《塔木德》是犹太教重要经典,体量巨大,印本常常页数近万。CliffsNotes 是一套文学名著的缩写版,常被学生用以准备考试。——译注,下同。

多,也没有电车难题这样牵强。但也有人认为,正是因为此类思想实验的简洁性,可以帮助我们看清在更复杂的伦理问题中,我们是如何抉择的,

哲学家、心理学家和研究大脑的科学家们,都试图解释为什么大多数人觉得扳动道岔可取,而推人下桥当责。

或者应该如何抉择。例如,菲莉帕·富特1967年的那篇文章,目的就是为了讨论因堕胎而引起的伦理问题:譬如对于天主教徒来说,能否为了保全母亲的生命切除子宫,尽管因此造成的妊娠终止是他们宗教意义上的不良后果?最后,虽然大多数哲学著作对于我们非专业人士来说都显得艰深晦涩,但电车难题却通俗易懂。

多年以来,其他领域的学者也深受电车难题的吸引。2003年,哈佛大学的一群心理学家们建立了一个名叫"道德观念测试"(Moral Sense Test)的网站,记录访

客们对于各种电车难题的反应。研究初期需要五千名参与者,而达到这个目标只用了数周的时间。如今十多年后,这个网站仍在运作,并继续吸引着大量的访问者。

2009年,哈佛大学首度将课程全面在线公开。政治学教授迈克尔·桑德尔(Michael Sandel)的本科课程"公正"本来就十分受欢迎,如今被放到了互联网上,既可修学分,也可通过PBS电视台供普通观众收看。桑德尔教授的第一堂课就以电车难题展开,反响热烈。由于这堂课在很多渠道都可看到,因此要知道具体的观众人数并不容易。但是仅仅PBS版的视频在YouTube网站上就有440万人次的访问量,比NBA球星勒布朗·詹姆斯(LeBron James)2010年宣布转会的视频访问量高出两倍。

电车难题提出延绵不绝,层层深入的新问题,就和自苏格拉底(Socrates)以来的哲学家们一样,它在世界各地激起许多彻夜的讨论。一直以来,大多数人都觉得这只不过是一个巧妙的哲学谜题,发人深思,引人入胜,甚至是有些异想天开。

但是,这样的事情真的发生了。

新闻报道

电车"英雄"被控杀人

检方称本市见义勇为奖获得者为"罪犯",
称此为"危险的先例"

《新闻报》
2013 年 1 月 22 日,星期二

(旧金山电)区检察官克利夫兰·坎宁安昨天宣布,大陪审团已作出决定,就去年十月造成旧金山居民切斯特·法利被电车撞击身亡一案,对奥克兰居民达夫妮·琼斯提起公诉。琼斯女士扳动道岔,将一辆失控电车引入岔道,挽救了五人的生命,但也因此造成事发当时站在岔道上的法利先生身亡。去年十二月,琼斯因"展现出非凡的机智和勇气",获得市长颁发的见义勇为奖。坎宁安表示,大陪审团作出了正确的决定:琼斯女士私做主张,认定法利先生一人的死优于另五人丧生,但她"无权扮演上帝"。

法利先生的女儿桑德拉出席了新闻发布会。她表示,希望对琼斯女士的定罪能"帮助家人讨一个说法"。本报获悉,法利先生的家人还对旧金山市政府和琼斯女士提起了民事诉讼。

萨利·乔·卡利亚吉蒂斯作为当时获救的五人之一,在接受采访时说:"我对于琼斯女士的迅速反应深表感激。我当然对法利先生的家人表示同情,但我觉得琼斯女士减少伤亡的举动是大多数人都会作出的选择,而她并不应当为此受到谴责。我希望这番话并不会令人觉得无情,尤其因为我是获救者之一。"卡利亚吉蒂斯女士曾与琼斯女士共同出席了多场公开活动,最近一次是"湾区通勤者协会"在十二月为促进电车安全而举行的募捐。

出席新闻发布会的湾区居民,对于琼斯女士被指控一事看法不一。当坎宁安先生宣布大陪审团的决定时,现场响起了零星的掌声。但索萨利托居民弗洛伊德·卡卢奇对记者说,他认为琼斯女士的选择是正确的。他说:"做做算术就能明白。"

区检察官坎宁安说,他认识到大陪审团的决定"可能不会为社会各界所广泛接受",并赞扬大陪审团顶住了压力,作出了艰难的抉择。"如果我们允许个人以某些公民为牺牲,在生死的问题上作出偏向其他公民的决定,这将是一个危险的先例。"

本报还取得了该起事件的警方报告原件,可在本报网站查阅。

警方声明

事故报告

提交人:勒罗伊·高桥(巡警)

旧金山警察局

2012 年 10 月 5 日,星期五

2012年10月5日下午4时49分许,巡警萨拉·福斯特和我接到调度中心指令,前往加利福尼亚街与万内斯街路口。调度说一名男子遭到了一辆电车的撞击,"身受重伤或已身亡"。福斯特警官和我到达上述地点时,看到一群本市的急救人员正将一名大约五十岁的白人男子抬上救护车。一辆电车停在侧线轨道上,离事发地不远。

一名情绪激动的年轻女子找到我们,自称是达夫妮·琼斯,二十七岁,家住奥克兰克莱波恩街二十一号。她自称扳动了轨道的道岔,将电车导向了侧线,也即事故的发生地点。我们询问她为何这样做,她表示当时另有五名人员(年龄、种族不详)站在主线轨道上。我们指令她在警车上等待,对现场进行了控制,并盘问了在场目击者。

在与数名目击者进行谈话后,我们认为琼斯女士对事故的描述准确属实。在与旧金山警察局总部联络后,根据总部的指示,琼斯女士的行为显然符合一百九十二条杀人罪第三款例外:"为避免自己或他人丧生或重伤,造成他人死亡的,不论是否故意,不构成杀人罪。"我们告知琼斯女士,区检察院可能会联系她,但目前她可以自行离开。她的情绪仍然相当激动,因此我们开车将她送回住处,并于下午 7 时 15 分通知了调度员。

陪审团的一堂公民课

陪审员欢迎词

陪审员办公室主任

全民民意法庭

2013 年 4 月 1 日,星期一

各位候选陪审员,早上好。我是全民民意法庭陪审工作的负责人玛格丽特·斯特迪文特·凯西。很高兴欢迎大家的到来。咖啡机就在我的右手边,卫生间在玻璃门后面。

公诉达夫妮·琼斯一案,我们将于今天上午开始陪审员的遴选工作。你们当中有十二人将被选为陪审员,在法庭上作出决定。但是和一般法庭不同的是,其他的所有人都会成为助理陪审员,因为在全民民意法庭中,所有人的意见都是重要的。这就是说,除了身患重病者之外,各位都必须通过电视或者网络了解庭审情况,并在陪审团的商讨过程中提出你们的意见。毕竟,我们这里是民意法庭,选十二个人代表大众进行讨论,只不过是出于可行性的必要罢了。那些没被选入十二人陪审团的,仍有责任了解本案的事实和各方观点,并且尽量形成自己的意见。

除了全民参与的要求以外,民意法庭还享有本国其他一切法庭所没有的特殊地位。你们也许在高中的公民课程中学过,本国的最高法庭是联邦最高法院。但是我今天要告诉大家,这其实并不完全正确。全民民意法庭才是本国最高的法庭。为什么这么说呢?首先,最高法院虽然可以判定现有的某一部法律违反美国宪法,并因此认定其无效,但是最高法院绝无创造新法的能力。相反,全民民意法庭却时时地促进新法的订立。也就是说,我们的议员在议会中通过的法律,虽不完全,但一般来说反映了广泛的民意。其次,虽然最高法院享有解释宪法的特权,但只有全民民意法庭才能改变宪法。事实上,在过去的二百二十多年间,这样的事情已经发生过二十七次。

　　如果没有这样一个能够改变宪法的民意法庭,那么今天,女性仍无法投票,允许奴隶制度的法律大概仍会得到执行,对成年人在卧室之中自愿的私密行为横加约束的法律在某些州也许还将继续存在。因此我认为,大家应当看到,作为民意法庭的陪审员,或者,换言之,作为一个民主国家的公民,你们责任之重大。

　　我谨此欢迎大家成为全民民意法庭的陪审员。

检察官的指控

区检察官克利夫兰·坎宁安

总结陈词

全民民意法庭

2013年4月19日,星期五

陪审团的各位女士们、先生们,经过三周的举证,你们都已了解了关于本案的所有事实。现在,我将总结对被告人达夫妮·琼斯的公诉意见。

案件的事实你们都已清楚。被告人当时在街上行走,看见一辆电车沿着轨道高速前行,显然无法停止。她发现旁边有一个开关,并故意扳动这个开关,将电车导向岔道,造成被害人身亡。被告人在扳动开关时,知道或应当知道此举会造成被害人被电车撞击身亡。检方认为,琼斯女士因此犯有非预谋故意杀人罪。

辩方律师鲍姆加滕女士提出,本案的一些事实情节,使被告人的行为不足以构成杀人罪,甚至不构成犯罪。辩方认为，琼斯女士是值得赞扬的英雄，因为在造成被害人身亡的同时，她拯救了另外五人的生命。他们援引十九世纪英国伦理学家杰里米·边沁的话说，一个行为的正确与否，完全取决于其造成的后果；而我们的行为准则，应当是以"最多数人之最大幸福"为目的。这一哲学思想历来被人冠以各种名号，比如"后果论"（consequentialism）。它也被称为"功利主义"（utilitarianism），意思是说，判断好坏的标准，就是"是否造成幸福的最大化"。我们今天要详细阐述的观点是：这一哲学思想并不适合作为我们法律或伦理决定的基础。对于辩方提出的案情事实，检方没有异议。我们承认案发时主线轨道上另有五人。我们也承认，被告人认定如果她不扳动道岔，那五人必死无疑的判断是准确的。我们进一步承认，从功利主义或后果论的角度上看，琼斯女士的行为是"道德的"，甚至是值得赞许的，因为她的行为使这次事故仅导致了一人死亡。

杰里米·边沁(1748—1832)

边沁(Jeremy Bentham)生于伦敦,出生不久,家人就发现他有过人的天资。还在蹒跚学步时,边沁就读完了一部英格兰历史的大部头,年仅三岁就开始学习拉丁文。他十二岁考入牛津大学皇后学院。毕业后进一步学习法律,取得大律师执照,但从未挂牌执业。作为一位哲学家,他更愿意将毕生精力投入写作,以功利主义为立场,提出对英国法律制度的改革,以增进最多数人之最大幸福。

虽然其他人站在"自然法"的立场上,宣扬对特权的维护,边沁则以"功利"为基础,也即全社会幸福的最大化,提出了大胆的社会见解。他对英格兰负债人监狱制度的废除、议会改革,以及建立不分社会阶级,以考试选拔公务员的制度造成了重大影响。他在反对"自然法"理论的同时,也提倡全民选举权和同性恋非罪化。

正如各位所知,此案在市、州两级法院都未曾公诉立案,大概因为检察官觉得,在这样层级的法院,要说服陪审团判定琼斯女士有罪是不可能办到的事。检察官或许也曾考虑,本案的案情不足以入罪。或者他们觉得,陪审团也许会判定琼斯女士有罪,但他们在感情上却同情被告人,或者获救的那五人。不论原因如何,对琼斯女士没有提起公诉。而也正因如此,本案被移交到了这里,全民民意法庭。

法庭书记员应当已经向你们说明了本庭的独特宗旨。请允许我补充说明一点:我方充分认识到举证责任是在检方。但这与通常情况下的原则不同,即"除非在排除一切合理疑点之后,仍证明被告人有罪,否则应认定被告人无罪"。这是低级法院,如市、州、联邦法庭,所遵从的原则。但在全民民意法庭中,则不受此规约束。我们可以随意陈述,你们也可随意决定。

本庭的大多数陪审员大概都会表明,他们仍然受到一些道德准则的约束:譬如,案情事实虽然必须经过解读,但不应被有意篡改或忽视;我们必须遵循理性逻辑,而非情感和偏见。情感偏见大概无法避免——情感在决定过程中,甚至可以起到积极的作用——但是大多数陪审员似乎同意,基于情感和偏见的结论,至少得符合理性。换言之,他们的结论必须合理。

本案中检方的举证责任不需满足无合理疑点准则。而道德上的要求——坚持(我们所认定的)事实,合乎理性——对于检方和陪审团来说,都是较轻的责任。但检方在本案中所面临的一大挑战,则是"常理"(common sense)似乎更偏向辩方一边。诚然,这大概也是本案为何没有在低级法院中提起公诉的原因。我今天的任务,就是要说服各位,"常理"在本案中完全是一派胡言。

首先,我要谈一谈所谓常理。在环球旅行成为可能

在环球旅行成为可能之前,"世界是平的"是当时的常理。 之前,"世界是平的"是当时的常理。在哥白尼的仔细观察和复杂运算之前,"太阳绕地球转"是常理。在发现化石记录以前,"世界仅数千年历史"是常理。

即便在不久以前,我们的"常理"还认为,男性在社会上的权力应当高于女性。今天,我们认为婚姻应当是一男一女结合的"常理"正受到挑战。头脑灵活的人已经在打赌,很快它就会被新的婚姻定义所取代。

作为检方,我们很清楚,要反驳常理是一项艰巨的任务。但是正如过去的重大发现一样,我们的挑战是再一次证明"常理"的错误。

我方观点的基础,是一桩案情极为相似的先例,该案的被告人在全民民意法庭中,被绝大多数陪审员判定有罪。首先,我们将陈述该案的事实,然后我们将试图说明,该案在所有重要的问题上都与本案相似。而正因如此,我方将挑战所谓的"常理",因为辩方会试图说服各位,两个案子之间存在"常理"上的区别,因此应当作出截然不同的判决。我坚信,各位不会受这种误导的影响,而将达夫妮·琼斯绳之以法。

这桩先例中的被告人是创伤外科医生罗德尼·梅普斯,在费城一家大型教学医院工作。他当时接到通知赶往急诊室。在附近一条高速公路上发生了连环交通事故,共有六名伤员被送往该医院。梅普斯医生很快作出诊断:其中两名伤员需要肾移植;另一人需要心脏移植;还有一人需要肝移植;第五人需要肺移植。梅普斯医生正为器官来源犯愁时,发现第六名伤员,一位三十五岁的男子,被送医观察,且没有明显的伤情。梅普斯随即将这名年轻人送入手术室,摘取了他所有的器官,并移植给上述五名病人,因此挽救了他们的生命。在庭审中,梅普斯医生说了这样一句著名的话:"我觉得一名病人死亡,比五名病人死亡的结果要好。"陪审团的女士们先生们,你们该记得,这正是琼斯女士为自己辩护的话。这是功利主义者和后果论者的话!在全民民意法庭上,这些话向来被认为是邪恶之语——没错,这是恶魔的语言!该案的陪审团一致认定,梅普斯一级谋杀罪名成立。

陪审团在审判结束后接受采访,表明了他们作出决定的原因。数位陪审员都纷纷提出此类问题:"梅普斯医生凭什么扮演上帝?谁给他决定谁生谁死的权力?"是的,他们虽然认识到,表面上看,一人丧生比五人丧生更可取,但他们坚持,伦理的抉择不只是最多数人之最大幸福这么简单。他们说,我们或多或少必须考虑到"权利"的问题。当时的一名陪审员是加州大学伯克利分校的一位哲学教授。他援引十八世纪德国哲学家伊曼努尔·康德的话说,将人视作手段,而不以人本身为目的,这永远都是错误的。那第六个人被利用了——目的仅仅是为了拯救其他五人的生命,而丝毫没有考虑到他的个人以及生命不受侵犯的权利。

在梅普斯医生眼里,这个被牺牲的人仅仅是一个数字,仅仅是六号病人,而和他相比,得救者的人数更多。但是六号病人也是人。他有名有姓:鲍勃·蒂瑟林顿。他有自己的生活:他是个粉刷匠,有老婆,有三个孩子。他喜欢打高尔夫球,还给儿子的球队当教练。他有权不被故意牺牲。康德的这一观点,后来被人称为"义务论"(deontological)——来自于希腊语 deon,意为责任。从"义务论"的角度来看,道德即向拥有不同"权利"的人实施"义务",而不仅仅是最多数人之最大幸福这样的加减乘除。

这位教授指出,与鲍勃·蒂瑟林顿的生命权相比,另外五名病人并没有特别的被挽救的权利。我们可以认为,他们希望能被挽救,他们得救大概也很感激(如果他们不知道背后付出的代价的话,应当更是如此),但

伊曼努尔·康德(1724—1804)

康德(Immanuel Kant)自出生以来,一辈子都生活在普鲁士的柯尼斯堡。他毕生未婚,每天除了哲学沉思,最大的爱好就是定时散步。据说他每日时间之固定,连镇上的守钟人,都照着康德的作息来调整时钟。

康德的稳定和朴素都反映出他是怎样的一个哲学家:他利用自己的理性,去探究理性本身的极限。他最著名的论述《纯粹理性批判》,探究了我们的思想对于思想以外的世界能够有多少了解。他的批判系列第二部《实践理性批判》,则讨论我们人类对于我们应当如何行为这个问题所能认识的极限。梅普斯医生一案中所援引的两句话:我们应将人当成目的,而非手段;我们只能依照我们希望成为普世法则的规则去行事——两句话都出自康德对于道德理性自身的性质和范围的探索。(如果你不明白这两者之间的关系,不要犯愁!康德用艰深的语言,花了整整好几页来解释。而我们在此就不再重复了。)我们只消知道,康德的唯一兴趣,就是以理性反观理性本身。难怪他能够满足于仅仅坐、思、写、行的生活。

是,他们没有"被挽救"这一项根本权利。

那么,本案的情况又是如何呢?站在岔道上的那个人,难道没有不被电车有意撞死的权利?得救的那五人,并没有从失控的电车前得救的权利,但岔道上的那个人,却有不被琼斯女士故意杀死的权利。简而言之,谁给了琼斯女士扮演上帝的权利?

教授指出,康德还说,只有我们自己希望成为普世法则的规则,才能成为我们行动的准则。女士们、先生们,如果国家随时可以破门而入将你抓捕,摘取你的两颗肾脏,因为这样可以挽救两名肾衰竭的病人,你们希望生活在这样一个社会吗?功利主义无法解决伦理上的难题。而且,如果它成为普世法则,我们不仅应当赞同琼斯女士的行为,也应赞同梅普斯医生的行为,同样还应赞同为达成最多数人之最大幸福的国家执法者,譬如我们刚才虚构的肾脏警察!

功利主义无法解决伦理上的难题。我们刚才假想的一条普世法则,要求我们永远追求最多数人之最大幸福。但在这个国家,我们有一部实际存在的普世之法,其目的正是为了避免完全的功利主义。这就是美国宪法。我们的国父们,为了避免他们所称的"多数人的暴政"而订立这部宪法。他们明智地看到,毫不受限的功利主义,将会允许多数派为了多数人的幸福,剥夺少数派的生命、自由、财产。实际上,国父们所预见到的,正是肾脏警察的可能性。他们认识到,我们人类享有某种普遍的"权利",不受其他人以功利之名剥夺。

因此,总而言之,女士们、先生们,不要被鲍姆加滕女士及其辩护团队这番看似可取的功利主义论调所迷惑。把"常理"放到一边,认识到"常理"在本案中会建立非常危险的先例。把你们对琼斯女士和那五位获救者的同情放到一边,哪怕你们觉得在类似的情形下你们也会作出和她相同的决定。我甚至敢说,你们全都会这样做。但是想想那个岔道上的人,想想他的权利。你们要记住,他也有名字:切斯特·法利;记住他曾经喜爱在老兵协会弹钢琴,在他们的年度圣诞聚会上扮演圣诞老人的总是他;记住他的人身权被琼斯女士的故意行为所侵犯。如果你们能记住法利先生的权利,我坚信,你们会判定琼斯女士犯有杀人罪。

辩方答辩

辩方律师玛莎·鲍姆加滕

总结陈词

全民民意法庭

2013 年 4 月 19 日,星期五

我的天！这让我从何说起？控方的陈述如此古怪，我都得停下来想想怎么回答才好。背离常理？要我说，这是毫无道理！

坎宁安检察官援引的先例，与本案截然不同。称其为"先例"，实为对各位智商的侮辱。但是，这一点稍后再谈。

首先，我想请大家考虑一个与本案事实几乎完全相同的案子。这桩案子同样是在全民民意法庭审判的。而且有趣的是，此外另有一案，其事实与梅普斯医生案几乎完全相同，也是在本庭由同一个陪审团审判的。但是同一个陪审团，却给出了完全相反的判决。

2003年,这两桩案子由哈佛大学的一群心理学家提交到全民民意法庭。大约5000名陪审员通过网络听取了两案的证据。

在第一个案子中,一位名叫克拉拉·墨菲的女子,在乘坐电车时,司机突然昏迷。克拉拉当时所面对的情形,与达夫妮·琼斯完全相同。她可以任凭电车沿着正线继续前行,撞死前方轨道上的五个人,或者将电车转至侧线,撞死一个人。多达89%的陪审员认为,克拉拉将电车转至侧线是可取的行为。

上述陪审团还另行审理了弗兰克·特里梅因一案。事发时弗兰克站在一座横跨电车轨道的人行天桥上。一辆失去控制的电车正沿着轨道,朝站在轨道上的五个人疾驰而去。当时只有唯一一根轨道,没有侧线可供电车转向。弗兰克很快认定,阻止电车的唯一方法,就是在轨道上投以重物。不幸的是,天桥上并没有重物,只有一名体型肥硕的男子站在他身边。弗兰克发现,他要么将这名男子推下天桥,虽然会造成他的死亡,但可以拯救前方的五个人;要么他可以任凭那五人被电车撞死。最终他选择将那人推下桥。女士们、先生们,仅仅11%的陪审员认为弗兰克此举是可取的。

本案控方无疑希望我们相信,这两个案子如此相似,陪审团应当作出相同的判决。事实上,陪审团近乎一致地认定,这两个案子的情况截然不同,必须作出不同的判决。前一案中,89%的陪审员投了"无罪"票,而后一案中这个数字仅为11%!几乎所有人都认为,将电车转至侧线,撞死一人挽救五人可以接受。但几乎所有人都认为,将一个胖子推下桥挽救五人则不能接受。不论性别、年龄、教育程度、种族、国籍,而且更有意思的是,不论他们是否接触过道德哲学,所有陪审员的意见都惊人地相似。我们显然要问:"为什么会有这样截然不同的判决?"

幸运的是,在庭审结束后,陪审员们被问及其判决的理由。大家不要忘了,检方刚才说,大多数陪审员都会同意,他们的结论应当是基于理性思维的。但是,实际上陪审员的决定,完全不是这样作出的。只有极少数人,在对克拉拉和弗兰克两案作出不同判决时,以道德原因作为决定的基础。也就是说,只有极少数人指出,他们认为两案事实存在差异,并因此按照不同的道德原因,作出了不同的判决。

在这极少数援引了道德理由的陪审员中,有些人指出,克拉拉"预见"到如果她扳动道岔,侧线上的那个人将会身亡;而弗兰克则对胖子的死存在主观的"故意"。换句话说,克拉拉并没有"利用"岔道上那个男人的死来挽救另五人,而弗兰克则确实如此利用了那个胖子。这一区分即圣·托马斯·阿奎那提出的"双效原则"(Principle of Double Effect)的一部分:一个本来符合伦理的行为,也许存在不良的副作用,但是绝不能以坏的手段来达成好的结果。

圣·托马斯·阿奎那(1225—1274)

托马斯(St. Thomas Aquinas)出生于那不勒斯王国,父亲是艾奎诺伯爵兰杜尔夫(Landulf, Count of Aquino),母亲是提亚诺女伯爵西奥多拉(Theodora, Countess of Teano)。托马斯年轻时,他极想成为一名多明我会的修士,但他的家人则希望他入本笃会,将他囚禁于一座城堡中达两年之久。托马斯最终如愿,前往巴黎大学求学。

虽然他被认为是有史以来最伟大的天主教哲学家和神学家,但他入学之后的第一场神学答辩就没有通过,并因此被同学讥为"笨牛"。因此,对于那些学习遇到困难的新生来说,他就成了非正式的主保圣人。

托马斯后来写了一部summa,即对于一切哲学和神学的总述。这是今天的哲学家和神学家们都不敢尝试的。事实上,他写了两部这样的大全:《神学大全》和《哲学大全》。

他的《神学大全》涉及了从证明上帝的存在到培养良好习惯的一切主题。在这部"思想的大教堂"中,有一部分涉及他对于"什么时候可以进行好坏结果并存的行为"这一问题的解答。他的解释,即"双效原则",既复杂又微妙,因此必须单独予以解释,请见"主教的陈述"一章。

在这些考虑到了道德理由的少数人之中,也有人将区分点放在了这样一个事实之上:也即克拉拉的行为并非直接作用于死者,而弗兰克的行为则是直接的。这可以理解为:克拉拉并没有直接接触到岔道上的那个男人,而弗兰克的双手则确实接触到了那个胖子。

这部分人之中,也有人指出克拉拉的行为是转移了一个既有的危险(被电车撞死的危险),而弗兰克则创造了一个新的危险(被推下桥的危险)。

陪审团的女士们、先生们,可以说上述的任何一种理由,都足以将克拉拉一案与弗兰克一案区分开来(因此,也应当可与梅普斯医生一案区分开来)。检方观点的唯一依据是达夫妮·琼斯一案与某判例的相似性,但事实上,这两个案子之间存在着非常重大的区别。因此,按照功利主义原则,即杀一优于杀五,判处达夫妮·琼斯无罪;而依照完全不同的事实判处梅普斯医生犯有谋杀罪——这是完全合理的。梅普斯医生案与弗兰克案一样,都涉及了故意(而非预见)的不良后果,涉及了对于被害人的直接(而非间接)的行为,以及新危险的造成(而非对既存危险的转移)。在这些理由中,任何一点都足以解释为什么在达夫妮·琼斯一案中可以仅仅采用功利主义原则,而在梅普斯医生一案中则不能这样,而且对于两案作出不同的判决,不存在逻辑上的矛盾。

但是还有更重要的一点。大家都记得,在对于两案作出不同判决时,只有极少数人提到了理性的思考。绝大多数陪审员则完全没有进行道德上的思考。

> **绝大多数陪审员则完全没有进行道德上的思考。**

有些人在克拉拉一案中仅仅提到功利主义理由(也即是拯救更多的人),而在弗兰克一案中则援引了权利和责任的"义务论",但却完全没有尝试去调和这两种理由。其他人则说,他们作出不同判决完全是靠直觉。他们的评论中有"我不知道该怎样解释",或者"只是这样觉得合理","我就这么觉得","这是我的直觉"等诸如此类的话。

因此,坎宁安检察官的论点在两方面不成立。他暗示说,如果一贯地坚持功利主义,那么达夫妮扳动道岔与梅普斯医生摘取鲍勃·蒂瑟林顿的器官这两种行为之间就没有差异,因此两者都应谴责。但是在克拉拉和弗兰克两案中的许多陪审员,则认为两案之间存在实际差异,因此在符合理性的前提下,可以在前一案中采用"最多数人之最大幸福"原则,而在后一案中援引截然不同的理由。此外,该陪审团中的绝大多数成员都丝毫没有进行道德上的思考,因此伦理上的一致性对他们来说并不是问题。对这些陪审员来说,只要两个案子"感觉上"不同就已足够。而且到头来,对我们大多数人来说,这难道不是达夫妮一案最终的决定因素?我们"感觉"到达夫妮一案和梅普斯医生一案之间存在区别,但至于能否讲明区别究竟在哪儿,这并不重要。凭感觉来判决达夫妮一案,我们无需感到不好意思。哲学家们甚至给这种方法起了个高级的名字:伦理直觉主义。

因此,总而言之,常理再一次被证明是正确的,而且永远是正确的。哥白尼的日心论只是极少数的例外!正因为如此,他才被历史所铭记。

达夫妮·琼斯没有任何过错。她在决定是否扳动道岔时所作的功利主义思考,并不包括梅普斯一案或弗兰克一案中的额外因素。正如克拉拉和弗兰克两案的陪审团一样,你们不能被坎宁安检察官的错误类比所迷惑。你们必须判定对达夫妮·琼斯的杀人指控不成立。

教授的分析

当代生活中的批判思考

纽约,新学院

2013 年 4 月 19 日,星期五

教授： 各位晚上好。因为他们调整了教室安排，我先确认一下大家没有进错教室。本课程是"终生学习103：当代生活中的批判思考"。这里有来听"十九世纪俄罗斯小说"的同学吗？有？你们的课换到楼下了，好像是21教室，如果不是的话，去23教室看看。

我是基娅拉·詹姆斯。在今后的八周时间里，我们要把我们的批判思考能力锻炼得更加敏锐，并用它来分析当代的问题。比如今天晚上，我们就要分析一场牵动了全国神经的审判，也就是达夫妮·琼斯的失控电车案。

但在讨论这场审判之前，我们有许多准备工作要做。我们先要磨练自己的思考能力,只有这样才能以更智慧的眼光,去看待审判中涌现的问题。从 PBS 电视台到新闻网站"德拉吉报道"(Drudge Report),对该案的评论层出不穷。有些很有见地,但许多则不然。

不知在座的同学中,有没有人上过哲学课?好,我看到有几个举手的,但似乎大多数人没有上过。不要紧。这并不是练就批判思维的必要条件。等到课程结束,你们都会成为更具批判性的思想者。

今晚,我们先要讨论的是类比,以及类比在我们思想活动中扮演的角色。然后,我们再来考虑类比在电车案审判中扮演的角色。谁能给我们定义一下"类比"是什么?请这位同学回答。

学生:就是两个东西的比较。比如:你美丽得就像一幅画。

教授:谢谢。我也要感谢你赞美我貌美如画。但你说得没错。类比就是比较。你用的例子"美如画",

就是将一个人(当然,我承认不一定指我)与一幅画,在美丽程度上进行比较。这是一个相当特定的比较,因为你一开始就讲明了比较的标准。你特别指明,是在相对的美丽程度上进行比较。

但是类比在比较两样东西或者两件事的时候,经常没有告诉我们比较的点在哪里。谁能举个例子?

学生: 在他受伤前,德里克·杰特(Derek Jeter)*就像野兔一样。

教授: 好。还有谁?

学生: 奥巴马总统在新闻发布会上就像狮身人面像一样。

教授: 嗯。

这些类比,并没有说清德里克·杰特究竟是怎么像野兔的。是他耳朵长吗?大概不是。是他的性生活和

---

* 德里克·杰特,美国职棒大联盟著名球手。

兔子一样频繁吗？希望不是。这里指的，应该是他的敏捷，或者其他类似的，是不是？

那么总统又怎么像狮身人面像呢？是他们都住在埃及沙漠里吗？是他们都用石头筑成吗？嗯，这个似乎更难一些，是不是？因为"石头"一词本来就可以作为隐喻，比如"如石头一般安静"。但很显然，这个类比并不是比较两者的矿物构成，而大概是指奥巴马总统难以捉摸，或者其他类似的意思。

因此，类比是用来比较两个在某些方面类似，而在其他方面不同的东西。比如我们说："苹果就像梨一样。"苹果像梨怎么个像法，我们可以想出很多种，是不是？我们来举例子，我写在黑板上。

学生：它们都是水果。

学生：它们大小类似。

学生：它们都好吃。

教授：好……这些就够了，不然成小学了。现在我们再列举一些它们不同的方面。请举手。

学生：颜色。苹果基本上是红色的，或者一部分是红色的——但也许不都这样，因为青苹果就是翠绿色的——但梨则基本上是黄色，或者褐色，或者淡绿色的，但也不都是这样。我觉得大概苹果和梨的颜色也有重叠的。

教授：好，但是正如你所言，总的说来，苹果和梨的颜色是不相似的。所以，如果谁脸色跟梨一样是黄的或者褐色的，你大概不会说她脸蛋和苹果一样。还有其他什么不同？

学生：苹果一般比较圆，梨一般是，嗯，梨形的。

教授：我们先暂停一下，因为你正好提到了关于类比的一个重要问题。你说"梨是梨形的"，大家之所以笑，就是因为这是一个"完美"的类比。就是说，梨的形状确实好像梨的形状——在所有一切的方面都如此。因此，没有比这更完美的类比了，是不是？错。

相反,一个"完美"的类比正是一个很糟糕的类比。因为它没有告诉我们关于梨的形状的任何新信息。大家注意,这不是因为被比较的两个东西是用相同的语言来表示的。这是个极端的例子。但是"那个六边形就像一个有六条边的形状"也没有告诉我们关于"那个六边形"的任何新的信息(假定我们已经知道六边形的定义是什么)。也就是说,这个类比也许会告诉我们关于"六边形"这个词的一些信息,但是却没有告诉我们关于"那个六边形"的任何信息。

> **相反,一个"完美"的类比正是一个很糟糕的类比。**

我们知道,完美的类比不是好类比。那又怎样?这些细微的分别又有什么意义?这是个很好的问题,哲学家们花了很多时间去思考。当代的哲学家们,尤其是英语国家的哲学家们,常因在语言和逻辑上作细微的区分,却不去解释诸如画家保罗·高更（Paul Gauguin）在 1897 年那幅画的题目中所提的问题（"我们来自哪里？我们是什么？我们往哪里去？"）而遭人诟病。有些人认为，今日的英美哲学家们，无视兵临城下的现状而继续不务正业。你们也许有人觉得，今天关于类比的讨论也是如此，我就不请你们举手表决了。

但从另一个方面讲，我希望在本课程结束的时候，你们都会同意，磨练我们提问题和做决定的"工具"是十分重要的。否则，我们连作出一个"好"决定的机会都没有。批判思考的工具是语言和逻辑。

磨刀是不是和砍柴一样重要？显然不是。但是不磨刀，砍柴可能就砍不好，或者甚至干脆砍不成。那么学会运用语言和逻辑，是不是和回答画家高更的问题一样重要？当然不是。但是不弄清如何运用这些工具，我们得到的答案可能就很糟糕。瞧，这也是个类比，是不是？

那么,我们对类比的分析有什么意义?意义就是,我们知道类比总是比较两个有所相似又有所不同的东西。这就令类比既有用,又十分危险。类比是一柄双刃剑——这又是一个类比!运用类比的危险就在于,人们经常会说,因为两个东西在某个方面相似,那么在另一个方面也一定相似。而事实上,这两个东西可能在第二个方面完全不同。

那又怎样?这在现实生活中又有什么意义?好,我们现在就将今天讨论的东西,运用到新闻中的真实事件上。在讨论电车案之前,还有哪条新闻也涉及了类比?

学生:比如在公立学校教授所谓"智慧设计论",与进化论平起平坐?

教授:很好的例子。你觉得类比在什么地方?

学生:我想是这样。"智慧设计论"的观点是,自然中存在许多精密的东西。他们经常举的例子是人的眼球。人眼的复杂程度,就很像某个人造的东西,比如

"iPhone"手机。所以我们就可以认为，天上一定有一个和乔布斯(Steve Jobs)一样的人，设计了人的眼球。

教授：很好。在宗教哲学中，这被人称做"类推论证"。你们有多少人认同这一论点？看上去有半数。谁不认同？好像也差不多。谁不确定？有几个。

类推论证可能在两个方面缺乏说服力。首先，两个事物之间的相似性可能不被人接受。十八世纪时曾流行过一个智慧设计论的版本，说"宇宙就像一只巨大的钟"。(这种说法出现于牛顿之后不久，当时对宇宙的机械式的解释还很流行。)他们说："当我们看见一只钟，就可以得出结论，一定存在一个造钟的人。同样的，当我们想到宇宙，我们必须得出这样一个结论，有一个神性的造钟人，或者说是造物主。"苏格兰哲学家大卫·休谟就曾问道："你为什么说，宇宙像一只钟，而不像其他的东西？你难道不能说，宇宙就像一只巨大的动物，不断地运动，一切部件和谐地共同运作？这样的话，你

智慧设计论(Intelligent Design)

"智慧设计论"一词,是成立于 1990 年的保守智库"发现研究院"(The Discovery Institute)首先使用的,指的是"宇宙和生物的某些特性,最好的解释是存在一个智慧的起因,而不是如自然选择那样的无方向的过程"。该组织宣扬在公立学校教授智慧设计论,与进化论对抗。反对者很快指出,这会将犹太和基督宗教的教条植入公立学校的课程,违反了美国宪法第一修正案中的"不立国教条款"。一般认为,这一条款也规定了国家的政教分离。

该组织声称,智慧设计论是基于证据的科学理论,而不是宗教教义。他们说,这和创世论(creationism)又不同,因为智慧设计论并没有说明这个智慧的起因是谁或者是什么。在创造的过程上,也不坚持圣经《创世记》中的叙述。

基于与创世论的这一区别,该组织声称,在公立学校教授智慧设计论并不违反宪法。但在奇兹米勒诉多佛学区*一案中,法庭判定,智慧设计论是宗教,不是科学。因此在公立学校中教授智慧设计论违反了美国宪法。

---

* *Tammy Kitzmiller, et al. v. Dover Area School District, et al.* (400 F. Supp. 2d 707, Docket no. 4cv2688)

会不会得出结论,一定存在一个'母亲'宇宙,生下了我们现在这个宇宙,因为在动物世界里就是这样?"

因此,类推论证失败的一个原因,就是两个东西之间的所谓相似点可能并不那么显而易见。

> 人的眼睛,和"iPhone"手机到底怎么个相似法?

人的眼睛,和"iPhone"手机到底怎么个相似法?人眼难道不是和贝类的感光细胞这种智慧设计论者认为是自然选择的产物更为相似吗?

类推论证失败的另一个原因,就是被比较的两个东西——人眼和"iPhone"手机——可能在某些方面的确非常相似,但这不意味着这两个东西在其他方面也一定相似:而在我们所谈的这个问题上,这指的是两者诞生的方式。仅仅因为"iPhone"手机是由苹果公司创造的,不代表人眼的产生不是通过另一个完全不同的途径:譬如数百万年的随机变异和自然选择。造成这两个东西存在的原因,也许正是两者的不同点。也许乔布斯是受了自然事物的影响或者启发,这我就不知道了。但不论那些自然的事物是如何产生的,这都是可能的。

好,我们再来测测民意。刚才认可智慧设计论的同学,有多少现在觉得不那么认可了?好,有一些。那些刚才觉得不确定的同学,有多少觉得不认可了?好,也有一些。这也是一个例子,说明有了敏锐的做决定的工具,会有怎样的效果。我们只不过是分析了类比的属性,它可以如何被人用来误导他人或者我们自己。而最终,我们在座的有些人,就因此改变了对于现实世界中某个现实议题的看法。不是所有人,但一部分人改变了看法,可能正确,也可能错误。也许那些坚持了原来观点的同学会怀疑,我是"用花言巧语迷惑你们"。去年一个同学就是这样跟我说的。也许我迷乱了你们的思维,想趁虚而入。这么想也没什么,怀疑是好的。但是如果我刚才确实是想迷惑你,那么你就更应该加强批判

大卫·休谟(1711—1776)

休谟(David Hume)生于爱丁堡,由守寡的母亲带大。他曾自称"生性温和,情行有度,性格开放、乐群、快乐,能爱而不恨,一切情感都甚有节制"。就是这样一个性情温和的人,用康德的话说,将他从"教条的沉睡中唤醒"。

休谟是英国最重要的经验主义者。这一学派认为,哲学无法超越感官经验。比如,他就对因果概念表示怀疑。他说,当一颗桌球撞击到另一颗桌球,而第二颗球开始运动时,我们仅仅可以结论,这两个事件同时发生,而不一定存在某种因果关联。

他怀疑的对象也包括了他所谓的"自然宗教",即将对超自然世界的认识建立于自然世界的某些特质上,比如自然的精巧或美。自然宗教的一个论点,就建立在类比之上,即智慧设计论的先祖。休谟对此进行了反驳。

思维的能力,那样你就不会上我们这种人的当了。因为,大家不要忘记,这世界上有很多这种人,譬如政客、律师、销售员。

好。现在,我们终于可以开始讨论电车案了。在这一案件的审判中,如何运用了类比?请这位同学回答。

学生: 检方说,达夫妮扳动道岔杀一救五与医生摘取健康人的必要器官来救活另外五个病人是相似的。

教授: 很好。检方的观点完全依附在这样一个类比上。但是请注意,辩方意见同样十分依赖于类比。辩方律师说,达夫妮一案(我们且称其为甲案)与另外一起案件(乙案)十分类似。在乙案中,一位身处于电车驾驶座的女性做了类似的决定,造成一人死亡,但挽救了五人。接着,辩方律师又提出,外科医生一案(丙案)与推胖子下桥一案(丁案)十分类似。然后,辩方律师作出结论,因为甲案与乙案十分相似,而丙案与丁案又十分相似,而之前的一个陪审团又判定,乙案与丁案并不相似,那么我们就应当认定甲案与丙案也不相似!

是不是有些搞糊涂了?我们分步骤来看。辩方律师的观点是:

(1)甲案与乙案十分类似。扳动道岔和驾驶电车十分类似。

(2)丙案与丁案十分类似。外科医生一案和推人下桥一案十分类似。

(3)乙案与丁案并不类似。驾驶电车和推人下桥并不类似。

(4)因此,甲案与丙案并不类似。也就是说扳动道岔一案和外科医生一案并不类似。

大家看看类比在这里的复杂运用。我们已经知道,类比有时会误导人,所以这个迂回盘绕的论点很有可能存在误导性。

那么,对于律师在本案中使用的类比,你们会提出什么疑问?我们先讨论检方的类比,即达夫妮扳动道岔与梅普斯医生摘取健康人的器官。

学生：我的问题就和刚才人眼与"iPhone"手机的问题一样。首先,这两个案子之间真的相似吗？达夫妮扳动道岔和摘取健康人的器官,仅仅因为同样是杀一救五,就认为是相似吗？

教授：对。我们知道,类比总是在比较两个在某些方面类似,而在其他方面不同的东西。所以正如你所说,这两个案子是不是真的那么相似,值得讨论。任何事物之间,或多或少都存在相似性。《爱丽丝梦游仙境》的作者,英国逻辑学家刘易斯·卡罗尔(Lewis Carroll)就曾经在这部小说中出了一个谜题："写字台和乌鸦有何相似？"但就有人给出了答案："因为爱伦·坡(Edgar Allan Poe)两者都曾写过。*"

学生：第二个问题就是,这两个案子之间的不同之

---

* Poe wrote on them。此句一语双关,爱伦·坡写过一首题为《乌鸦》的诗。

处,是否真的必须区别对待。即便我们认为两案十分类似,它们之间有没有什么不同点,使我们认为梅普斯医生有罪,而达夫妮不一定有罪呢?

教授: 正是这样!

好,今天就讲到这里,这些问题由大家自己去思考。下周陪审团将如何决定,我们拭目以待。

心理学家的意见

"正义的闹剧"

欧文·瓦滕伯格博士,总编辑

《快捷心理学》(网络版)
一份专注于人类行为的杂志
2013年4月19日,星期五

在过去的几周内,美国公众通过电视,对达夫妮·琼斯电车案在全民民意法庭的审判给予了热切的关注。道德和法律责任的问题成为新闻媒体和人们茶余饭后的热点议题。能否为了挽救更多人的生命而牺牲一个人?或者在怎样的情形下可以这样做?控辩双方就此展开了辩论。但这场争议暴露出一个不幸的事实:双方都没有理解道德判断的科学依据。

功能性核磁共振(fMRI)已经充分证明,在对某些类型的道德难题作出判断时,人的大脑中负责情感活动的部分要比负责认知活动的部分更为活跃。尤其是当有人受到直接的人身侵犯时(例如摘取他人的器官,或者将人推下桥),这种现象要比非直接人身侵犯更明显(例如达夫妮·琼斯扳动道岔,将电车引至侧线,冲向一个她不认识的人)。

人类作出道德判断的方式是与生俱来的。

简而言之,人类作出道德判断的方式是与生俱来的。我们厌恶以徒手夺取他人的性命(或者用手术刀,或者将人推下桥),这与我们害怕被他人故意杀害有关。某人造成电车转向,而将我们撞死——如果这种事情稀松平常,我们应当也会产生同样强烈的情感反应,对达夫妮的行为也许就会有不同的感觉。但事实上,我们对达夫妮的行为没有这样的情感反应,那么假装带着这种反应去审判她,这是不合适的。

过去没有科学,哲学家们试图用道德原因来解释为什么亲手杀人要比间接造成他人死亡来得严重,这可以理解。但在科学发达的今天,我们从心理学的事实出发,而非通过道德的价值判断来达成结论。我们厌恶梅普斯医生的行为是客观事实。我们对于达夫妮的行为不存在类似的厌恶也是客观事实。检方对于两案的类比是通过认知达成的。而从情感的角度看,这两个案子可谓天壤之别。在所谓的道德决定之中,情感永远战胜理性。

我们可以推测,在面对直接的、亲身的杀人行为时,情感之所以扮演了如此重要的行为,这是人类进化,也即自然选择的结果。这一过程可以这样来解释:社会是由个人组成的,而如果一个社会的基因决定了其成员的大脑对于故意互相残杀的行为感到厌恶,显然这样的社会更容易幸存下来。因为这样的社会更容易幸存,所以此类基因占今天人类基因库的比例就更大。因此,几乎所有的现代人,在基因构成上就对"亲身"杀害其他人类的行为具有情感上的反感。

但这还不是全部。在文化层面,幸存下来的社会更可能将符合父母基因和情感特质的传统和习惯传承到下一代。后代对杀人的厌恶因此又多了一个层面：即在打破文化禁忌时所产生的强烈的负面情感。禁忌(taboo)是一个社会最强烈、最富情感的禁则。其产生和发展源于一个人生活在危险的世界中所体认到的不安全感。一个社会,如果其成员的大脑中负责情感的区域对于孤立存在的危险最为敏感,那么这样的社会中最容易形成群体思维,譬如社会禁忌。而这样的社会,也是最容易生存下来的。因此,今天的人类既具有基因和情感上的对于"亲身"杀人的反感,也具有基因和情感上的对于打破社会禁忌(如亲身杀人)的反感。

当我们面对一个不那么亲身,但同样造成他人死亡的决定时——例如达夫妮·琼斯决定扳动道岔——我们更容易运用大脑中负责认知的部分。我们想出一个抽象的原则：杀一胜过杀五。因为我们的情感与这一原则不发生矛盾,所以我们就很可能采用它。

从认知上讲,达夫妮似乎与疯狂医生或推人下桥者十分相似。他们都是牺牲一人挽救五人。但从心理和情感上说,达夫妮一案的情形和另两种情况截然不同。仅从事实的角度上看,陪审团应当,也几乎一定会判决达夫妮·琼斯无罪。

【网友评论】

eddieinbrooklyn

我认为这篇评论前后不一。到处都夹杂着价值判断,"陪审团应当判决达夫妮无罪""假装带着这种情感反应去审判达夫妮扳动道岔是不合适的"。与此同时,作者却说价值判断是由我们情感的天性决定的。如果是这样,你何必说陪审团"不应当"判决达夫妮有罪?他们要么会这么判,要么不会。如果他们确实判决达夫妮有罪,那你是不是也会作出结论,说这是他们情感的天性决定的?作者是想说,我们所谓的价值观只是一种特别的事实——一种天生的、情感的事实——但是你却夹带了一些价值观试图蒙混过关。

---

cutiepie137

楼上完全没理解重点。正因为价值可以划归为事实，陪审团才应该判决她无罪。如果他们判决她有罪，那是因为他们认为存在某种"应当"判有罪的原因。而事实上却没有这样的原因。陪审团如果判有罪，只可能是因为检方把他们搞糊涂了。各位大概都同意，法庭的判决不能这样稀里糊涂吧。

---

nerdyferdy##

Eddie，cutiepie说得对。如今我们有了心理学和神经科学，就没有什么道德哲学了。千百年来，哲学家们都在臆测，我们为什么应当以他们的方式去看待世界——这已经一去不复返了。现在我们通过对大脑的科学研究,知道这些哲学思想和其他一切非科学的思想一样,只是大脑在放屁。现在已经是二十一世纪了,eddie。

---

eddieinbrooklyn

乖乖,你们这都是在兜圈子。什么叫"没有道德哲学了"?这在事实上就显然是错误的。你想说的是:"道德哲学不应当继续存在了。"而这是一个价值判断。cutiepie说,他认为陪审团的决定不应当稀里糊涂作出,这就是一个价值判断。这话我同意,但我们不要改换名目——价值判断就是价值判断。不管怎样,我真正想说的是,瓦滕伯格博士的文章实际上是说,我们道德和法律的决定"应当"建立于情感的反应之上。这是他对于情感应当扮演的角色所作的价值判断。他并不仅仅是

G·E·摩尔(1873—1958)

乔治·爱德华·摩尔(George Edward Moore)出生于伦敦郊区,有七个兄弟姐妹。小时候,他大多在家由父母教育,父亲教他阅读、写作和音乐,母亲教他法语。他十八岁进入剑桥大学学习西方经典,但很快受到伯特兰·罗素(Bertrand Russell)的影响,开始学习哲学。

据说他讨厌"乔治·爱德华"(George Edward)这个名字,开始使用简写 G·E。他的妻子不知何故,称他为比尔。

摩尔以常识对待一切哲学分支的方法最为著名。例如,他在伦理学中引用约瑟夫·巴特勒主教(Joseph Butler)的话,提出"好"是无法定义的:"一切事物即其本身,而非其他。"摩尔对于自然主义谬误的基本观点就是,"好就是好,而非其他"。

摩尔以及罗素、维特根斯坦(Ludwig Wittgenstein)等哲学家,将哲学从对自然和世界的宏观大论转向了对意义的分析,为二十世纪以来的英美哲学确立了方向。

说:情感"事实上"在我们的道德决定中扮演了重要的角色。这话谁都不会反对。但是他还说,在他看来,"应当"以这种方式去作这样的决定。他说这话就是脱离了事实,而作出了价值的判断。

---

professorkgw

Eddie 的意思是说,你们几位都犯了"自然主义谬误"。英国哲学家摩尔提出,"好"这个字是无法定义的。它无法划归为某种"自然"的属性,譬如"快感"。他所说的"自然的",指的是"客观事实上的",是科学家可以观察和测量到的。科学可以测定某样东西是否"有快感",但是却没有任何科学实验能够测定某样东西是不是"好"的。所以,即便我们的情感天性"在客观事实上"反感梅普斯医生"亲身"杀死病人,而对于达夫妮扳动道岔"在客观事实上"无此反感,这并不意味着我们必须认定一个是好的,另一个是不好的。

这样想:如果有人声称"好"就意味着"有快感",那么如果我问他:"如果某样东西是有快感的,那它是不是必然是好的?"你觉得他会不会明白我的意思?他当然会明白!他不会以为我是在问他:"如果某样东西有快感,那它是不是一定有快感?"这是因为,我们俩都知道,"好"是完全超越科学事实范畴的。这是一个价值概念。即便我们基因上,或者仅仅是心理上,存在天生的对亲手杀人的反感,我们总可以问,我们是不是"应当"将道德和法律的判断建立在这一事实上。

---

mixedupinaustin

嘿,这是个很好的讨论!我说的"好",意思是"有趣"。

---

professorkgw

你说得对,mixedup,虽然你也犯了"自然主义谬误"。

---

mixedupinaustin

这应该不算最糟的吧,是不是?

主教的陈述

法院之友陈述

佩德罗·欧肖内西主教

(美国天主教主教团代表)

2013 年 4 月 19 日,星期五

全民民意法庭陪审团的女士们、先生们,作为天主教西弗吉尼亚州亨廷顿教区主教,作为一名教会法学者,我代表美国天主教主教团,向法庭作法院之友陈述,主张对达夫妮·琼斯作无罪判决。我这一陈述的意见,将以天主教会关于双效原则的教导为基础。

双效原则是由圣·托马斯·阿奎那于十三世纪在《神学大全》中提出的。他认为,基于这一原则,自卫杀人是可以允许的。

天主教会教导我们,道德的基本原则是求善避恶。但是圣·托马斯指出,同一行为通常兼有善恶两种效果。而在某种特定情况下,一个善的行为,虽然兼有恶的结果,也是可以允许的,哪怕这恶的结果,在通常情况下是必须避免的。因此,虽然杀人通常是被禁止的,但是因自卫而杀人,在某些情况下是可取的。

圣·托马斯指出,挽救自己的性命通常是善的,"因为寻求尽可能地自我保存对于任何物种来说都是自然的。"但问题是,在自卫杀人的行为中,"自我保存"的代价是终止另一人的生命。但是,圣·托马斯仍主张,在某些特定的条件下,为达成善的目的而同时造成恶的结果是可以被允许的。他所说的条件,按照天主教会的说法,有四层:

(1)该行为本身,在道德上必须是善的,或至少是中性的。

（2）行为人不能主观希望恶果的发生，但可以允许其发生。如果能够避免恶果而同样达成善的效果，他应当这样做。

（3）善果与行为本身的关系，其直接程度，必须等同或高于善果与恶果之间的关系。换句话说，善的结果必须是由这行为直接造成的，而不是通过恶果间接造成的。否则，行为人就是以恶果为工具来达成善果，这是永远不能被允许的。

（4）善果之可取，必须足以弥补恶果之恶。

现在，我将这些标准运用于达夫妮·琼斯一案：

（1）如果我们将行为与其结果剥离，改变电车路径的行为在道德上是中性的，所以符合第一个条件。

（2）据我们所知，琼斯女士并不"希望"造成法利先生死亡。她为了拯救另外五人，仅仅"预见"并"允许"了这一副作用的发生。我们也可认定，如果琼斯女士有办法不造成法利先生死亡而同样挽救那五人的生命，她一定会那么做。条件二符合。

（3）琼斯女士在扳动道岔时，并不是先杀死法利先生，然后利用他的身体去制止电车。她的行为，其直接、立刻的效果是拯救了五人的生命。只是后来（虽然仅仅是几秒钟后），电车（而不是扳动道岔的行为）造成了法利先生的死亡。条件三符合。

（4）拯救五人的善超过了失去一人的恶。条件四符合。

检方援引梅普斯医生一案，并称杀死一个伤情无碍的病人，用其器官挽救另五人，该行为与琼斯女士的行为类同。但是，梅普斯医生的行为不满足双效原则中的四个条件：

（1）杀死一个无辜者的行为，本身不是善的，因此条件一显然不符合。（但请参阅下面条件三的讨论。）

（2）从表面上看，梅普斯医生似乎一定有造成六号病人鲍勃·蒂瑟林顿先生死亡的主观故意，因为医生知道,摘除蒂瑟林顿的必要器官无异于夺去他的生命。因此,条件二也不符合。(但请参阅下面条件三的讨论。)

(3)条件三是问题的关键。有人会说,梅普斯医生的"行为"不是"杀死"蒂瑟林顿先生,而是"摘除他的器官"。蒂瑟林顿先生的死仅仅是器官被摘除的副作用。按照这种逻辑,梅普斯医生一案与琼斯女士一案类似。也就是说,梅普斯医生的行为既有善果(拯救五人的生命),又有恶果(造成蒂瑟林顿先生死亡)。如果是这样,就可符合条件一,因为摘取器官的行为本身是善的,或至少在道德上是中性的(虽然也可以这样反驳,摘取"健康"的器官则绝不是善的或中性的)。条件二也可符合,因为梅普斯医生从来没有造成蒂瑟林顿先生死亡的主观故意,只希望得到他的必要器官。

我们从这里可以看出条件三背后天才的智慧。设置这一条件,正是为了避免过度细分的诡辩术,例如将摘除必要器官和杀人行为区分开。需要注意的是,条件三说,善果与行为本身的关系,其直接程度至少要等同于,或者高于善果与恶果的关系。因此,即便说梅普斯医生的"行为"是仅仅摘除蒂瑟林顿先生的器官,那么事实上的恶果(蒂瑟林顿先生的死亡)是直接由这一行为造成的。善果,即拯救五人的生命,发生于这一行为的几分钟后。因此,梅普斯医生实际上是用一个恶的手段(摘取蒂瑟林顿先生的器官,并立即造成其死亡)来达成一个善的目的。这是永远不能被允许的。

我们愿意接受,梅普斯医生的情况也许符合条件四。善果似乎的确胜过恶果。

现在,我们再来讨论双效原则更广泛的运用。比如,天主教会在堕胎问题上的立场就基于这一原则。

为了拯救母亲的生命而堕胎是不可取的,因为这不满足条件一和条件二。杀死一个无辜者本身是不善的,而拯救母亲的生命虽然是好的结果,但这必须通过杀死胎儿这一恶的手段来达成。

但如果一个孕妇被诊断出子宫癌,那么进行子宫切除手术就可以允许,哪怕这会造成胎儿的死亡。因为手术的实施符合双效原则的所有条件:

(1) 摘除癌变的组织本身是善的。

(2) 孕妇和医生都不"希望"造成胎儿的死亡。他们仅仅是预见并允许了这一恶果的发生。

(3) 拯救母亲生命的是子宫的切除,而非胎儿的死亡。

(4) 拯救母亲的生命,至少和挽救胎儿的生命善果程度相当。

另一个例子,则是教会在协助自杀问题上对双效原则的运用。天主教的教导告诉我们,帮助一个病人自杀永远都不能被允许,因为这违背了十诫中不能杀人的规定。换句话说,这不符合条件一。哪怕说医生仅仅是提供给病人一种药,而不是直接杀死病人,这也不行。因为医生提供药物的动机是造成病人的死亡(条件二)。

如果医生说,他的目的仅仅是"终止病人的痛苦",这仍旧是以恶的手段(病人的死)来达成善的目的(解除病人的痛苦)。这不符合条件三。

那么,一个医生能否为病人开出大剂量的吗啡,以缓解他的疼痛,虽然如此大量的吗啡很可能会加速病人的死亡? 答案是肯定的。原因如下:

条件一:缓解病人的疼痛本身是善的。

条件二:医生没有造成病人死亡的主观故意。他仅仅希望疼痛得到缓解,即便他"预见"并"允许"了可能出现的加速病人死亡的后果。

条件三:疼痛的缓解(善果)不是由恶果(病人的死)造成的。事实上,疼痛的缓解发生在死亡之前。而凯沃基安医生(Jack Kevorkian)*的动机则与此相反,他为病人提供致命的药物,是希望通过病人的死亡来终止

---

* 凯沃基安,美国医生,曾因推动安乐死而饱受争议。

其痛苦。

条件四:减轻病人无法承受的痛苦,其善果的确超过了加速病人死亡之恶果。(然而,如果以危及生命的吗啡剂量来缓解普通的头痛,这就不能允许了。)

回到达夫妮·琼斯一案上来。天主教美国主教团的立场是:琼斯女士的行为,无异于医生摘除孕妇癌变的子宫,或开出剂量危及生命的吗啡来缓解病人的剧痛。陪审团当因此判定琼斯女士无罪。

最后,有一个附带的问题我想提一下。许多人批评教会的教导,说在堕胎等问题上,教会是在"咬文嚼字"。我们只能说,在这种模棱两可的情况下,要确定任何的道德(或法律)规则,咬文嚼字在所难免。我们一旦画下任何道德(或法律)的分界线,那么总会出现临界的情形。教会(或法庭)的任务,就是要决定这些情形到底在这条线的哪一边。犹太教经典《塔木德》的教导,同样因其细致而被人批评。作为回应,我们希望陪审团能够以这样细微的区分作为判决的基础。诚然,我们之所以有陪审团,就是为了作出这样的区分。要不然,我们只需一台电脑,将刑法典应用于不同的案件就行了。

  法庭给我此次机会作法院之友陈述,我对此表示感谢。

无私者的困境

NPR 听众时事辩论会

全国公共广播电台

2013 年 4 月 20 日,星期六

主持人：女士们、先生们，下午好，欢迎收听"NPR听众时事辩论会"，我是主持人杰夫·萨拉比。

两周前，我们在节目中讨论了达夫妮·琼斯"失控电车"一案中正反双方的意见。节目播出后，我们收到了大量听众来信。许多来信都试图运用各种宗教信仰的道德原则，来解答本案审判中出现的诸多问题。特别有不少听众提到了所谓黄金定律——"你们希望别人怎样对待你们，你们也应当怎样对待别人"。这些听众中，当然有基督徒，但也有犹太教徒、穆斯林、印度教徒、儒家弟子、佛教徒和巴哈伊教徒。他们依照各自的宗教经典，引述了不同版本的黄金定律。

我们在阅读这些听众来信时,发现了一个有趣的现象:有的听众主张判决琼斯女士无罪,理由是他们不希望自己也会因为类似的好心举动——例如扳动道岔让电车改道——而受到惩罚。也有认为琼斯女士无罪的听众说,他们希望别人也能够像琼斯女士对待获救的五人那样来对待他们。但也有人主张琼斯女士有罪,因为他们不希望别人像琼斯女士对待岔道上的无辜者那样来对待他们。

因此,当运用黄金定律来判断琼斯女士的行为是否有罪时,就显得非常模棱两可。于是,我们节目组的同仁们就想,这个问题应该怎么提,可以使黄金定律的运用不那么含糊。

伦纳德,请你念题!

伦纳德:好的,杰夫。今天的题目是这样的:

你本人被绑在岔道上。你看见一辆失去控制的电车朝正线上的五个人冲去。你的脚够得到道岔的开关,可以将电车转向你自己,这样你自己就会死,但另五人就会因此得救。你是否会扳动道岔呢?

主持人: 谢谢,伦纳德。嗯,大家听了问题,是不是觉得心跳加速呢?我可是觉得心怦怦跳。

所以今天的辩题就是:无私总是好的吗?今天参与辩论的是来自明尼苏达州罗切斯特的马文·费尔德曼,以及来自佐治亚州亚特兰大的斯特拉·罗泰利。我们依照听众来信的内容,选择了他们二位来参加今天的节目。在辩论结束以后,我们将听取听众朋友们的意见,看本次辩论是否对电车案中的实际问题提供了更好的解答。

马文,斯特拉,欢迎参加今天的节目。你们每人有五分钟时间发表自己的观点,然后是两分钟的反驳。马文,由你开始。你的观点是,我们的行为应该总是无私的。

马文: 谢谢。我的第一个论点,你在做介绍的时候已经有所涉及。如果世界上大多数主要宗教都认为"你希望别人怎么对待你,你就应当怎么对待别人",那显然就证明,这是一条好的原则。如果只有一个宗教认为无私是好的,我们也许会怀疑,这到底是亘古不变的真理,还是什么虚夸的幻想。但作为大多数宗教共同的价值观,难道这些宗教全都是错的吗?不是没有这种可能,但我觉得不会。我认为更有可能的是,古人们切中了问题的要害——也就是我们在现世中应当互相扶持——而自私自利的现代人则无视这条真理。

我的第二个论点是,辩题中提出的新情况,即我本人被绑在轨道上,依我看,与电车案的真实情况十分相似。唯一的差别是,在辩题中,如果我扳动道岔,牺牲的就是我本人。我首先声明,我认为达夫妮·琼斯无罪。我认为她扳动道岔,牺牲法利先生而挽救五人是正确之举。但是,如果这样的话,我也没有理由将自己排除在外。如果被绑在岔道上的是我,而且我也能够扳动道岔,我有什么道德上的理由不遵守"杀一救五"的规则呢?事实上也不存在这样的理由。那么,在真实情况下,我会不会扳动道岔呢?我不知道。但是,我"会不会"扳动道岔和我"应该不应该"扳动道岔是两个不同的问题。而我觉得,我没有理由将自己排除在外。

我的第三个论点,是我在"谷歌"网站上搜索"无私"这个词的时候搜到的。普林斯顿大学一位哲学家的名字在搜索结果中反复出现,而他关于无私的一些类比令我十分信服。这些类比都为今天的辩题提供了解答:无私是不是"总是"好的。

> 我"会不会"扳动道岔和我"应该不应该"扳动道岔是两个不同的问题。

关于他所举的例子,我的复述大概做不到百分百准确,但我尽力为之。其中一条是这样的:

你在上班的路上,路过一个小池塘。池塘里有一个小孩在玩水。水很浅,只有几尺深。等你走到近处才发现,这个孩子个头很小,他不是在玩水,而是在水里挣扎,快要被淹没了。你赶快四下张望,寻找孩子的父母,但是却找不到。你可以轻易地下水把孩子救上岸,但是你脚上穿着一双价值三百美元的新鞋,如果下水就泡汤了。而且,脱鞋已经来不及了。

所以问题就是,你应不应该下水救人?显然,我们有谁会不这样做呢?

然而,这位名叫彼得·辛格的普林斯顿教授却说,第三世界国家每天都有成千上万的儿童,因缺乏干净的饮用水而患病致死。如果捐三百块钱给乐施会,就可以为好几个孩子提供干净的饮用水。所以你买奢侈品(比如这双鞋子)的钱,是不是都应该捐给乐施会?

再举一个例子:地铁站里有一个陌生人对你说,如果你帮他把一个流浪的小孩哄到他车上,他就给你一笔钱。而这笔钱正好足够买下那台你已经朝思暮想很久

彼得·辛格(1946—)

辛格(Peter Singer)是一位澳大利亚功利主义哲学家,任教于普林斯顿大学。他最著名的论著应当是1975年的《动物解放》一书。他在书中将杰里米·边沁的"最多数人之最大幸福"原则扩大到除人以外的动物,并以此宣扬善待动物。由于肉制  品工业的残忍,辛格是一位素食主义者。他也拒绝穿着皮革制品。

辛格还宣扬,那些拥有多于需求的人,应当将多余的财产赠予比他穷的人。他所采用的一些激进的类比也广为人知。他对于消除贫困的支持,来自于他的"最多数人之最大幸福"的功利主义考量。

和边沁一样,辛格也试图直接影响公共政策。1996年,他代表绿党竞选澳大利亚参议员。虽然没有成功,但2005年《时代》杂志仍将他评为当年全球100名最有影响的人。

的等离子彩电。你最近在报纸上看到,有一群坏蛋,把流浪的孩子拐卖给海地的一个"医疗机构"。该机构把这些孩子杀掉,然后将他们的器官卖给美国急需器官移植的有钱人。这听上去是不是很像达夫妮·琼斯案中提到的梅普斯医生?

我们中有谁会接受这笔钱去买电视,而不受良心谴责的?答案当然是否定的。

和许多中产阶级的美国人一样,我也有一台等离子彩电。辛格说,我们每次花钱买奢侈品而不是捐给慈善机构,实际上跟把孩子交给坏蛋是一样的。

所以,我认为无私是好的。每个人或多或少都有无私的心。我们都会在某些情况下做出一定程度的自我牺牲。在某种层面上看,这似乎是普世价值。但如果诚实面对自我,我们就知道,在一切类似的情形面前,我们都必须以同等的无私去面对。这包括牺牲自己的生命,扳动道岔挽救另外五人。我们内心深处都知道,我们之所以在某些情况下并不无私,是因为我们有意无意地压制了我们所知道的真理:他人受苦,我们就有道德责任。只不过我们有时不愿意面对罢了。

谢谢。

主持人:好,马文,很好。你的观点很有说服力。斯特拉,现在你面对的可是一个不小的挑战——你的观点是,无私并不总是好的。请。

斯特拉:杰夫,要反对毫无限制的无私,我真觉得是在为恶魔辩护了。但我确实认为,这是一个有说服力的观点,而且也并不一定邪恶。

我上大学的时候上过一些哲学课。在思考这个问题的时候,哲学家弗里德里希·尼采的名字反复在我脑海中出现。尼采认为,黄金定律造就了一个懦夫的文化。他认为,我们受了以基督教为首的伦理观洗脑,学会将人分成自我牺牲的"好人"和自私自利的"坏人"。他说,我们丢失了上古时代的贵族美德——例如力量、高尚和自信。他说,我们事实上是将这些价值观本末倒置了。

尼采认为,黄金定律造就了一个懦夫的文化。

弱者不想被强者主宰,但又斗不过他们,所以为了泄愤,给他们贴上一个"恶"的标签,而自诩为"善"。换句话说,善与恶是由弱者来定义的。如果你像耶稣教导的那样,被人打了一边脸,还要把另一边脸凑上去给人打,这在我们的文化中被定义为好的,因为我们就是受了基督教的这种影响。但是尼采说,如果你把另一边脸给人打,大概是因为你觉得自己没有还击之力,而唯一能满足复仇感的方式,就是给强者贴上坏蛋的标签。尼采认为,"自然"的价值观并非善与恶。自然的价值观是健康与孱弱。强者掌握权力并不必感到愧疚。他们应当泰然居于这种领头羊的地位。而那些不够强大的,则不应牢骚满腹,或者因为转过脸给人打而觉得自己道德优越。他们应当要么站起来斗争,要么接受强者的支配。

我知道这话听上去很像茶党(Tea Party)或者艾恩·兰德(Ayn Rand)*的口气。我的看法其实并不那么极端。我认为对于那些不因自身过错而处于不利地位的人,社会应当给予额外的帮助,例如生于贫寒之家,或者年老体弱,或者患有精神疾病的人。我也知道尼采的哲学曾被纳粹德国所宣扬、滥用。但是我认为,他的观点中的确包含正确的部分。

而且,与其说是茶党——我知道这听上去很滑稽——我觉得尼采的观点与"奥普拉脱口秀"这类节目更有关联,哈哈。但是说正经的,我认为这点很重要,尤其是对于我们女性来说。千百年来我们一直都转过脸去给人打。尼采说得对,这样不"好",而且是不健康的!

---

* 艾恩·兰德是俄裔美国哲学家、作家,都倡导利己主义和放任的资本主义。

弗里德里希·尼采(1844—1900)

尼采(Friedrich Nietzsche)生于普鲁士的萨克森省,父亲是一名信义宗的牧师。1864年,他进入波恩大学,开始学习神学和古典哲学。但是头一个学期,他就放弃了信仰,不再学习神学。后来,他对于基督教伦理有过尖锐的批评,并说过"上帝已死"这句著名的话。他说,真正高尚的人,其动机并非来源于对弱者的怜悯,而是来自他所谓的"力量意志"和对生命的肯定。他认为,基督教颠倒了古代世界的贵族价值观,以基督教圣人的那种在他看来不健康的谦卑,取代了亚历山大大帝那种自然的自信自豪。

尼采著述中那个肯定生命的"超人"概念,后来被纳粹曲解为雅利安种族优越的意识形态,因此在"二战"之后,尼采名望骤跌。但对于二十世纪的存在主义者以及后来欧洲大陆学派的哲学家,如米歇尔·福柯(Michel Foucault)和雅克·德里达(Jacques Derrida),尼采仍有深刻的影响。有趣的是,尼采的哲学也影响了一些宗教思想家,如犹太哲学家马丁·布伯(Martin Buber)和基督教神学家保罗·蒂利克(Paul Tillich)。

对我们不健康,对我们的女儿们也不健康。

那么,这对于那个被绑在轨道上的人来说又怎样呢?我认为,扳动道岔,让电车把自己撞死是不自然、不健康的,即便这样可以挽救五个人——虽然我认同将电车改道而撞死一个陌生人的做法。并且,我也不会将电车改道而撞死我的孩子、丈夫、母亲,甚至是邻居。这不自然。我与我的亲属和朋友有强烈的关系,为了五个陌生人而牺牲他们的性命,这于我来说既不健康,也不实诚。

主持人:好,斯特拉,说得很好。你为自我肯定提供了很有力的辩护。马文,现在你有两分钟时间反驳。

马文:我觉得斯特拉提了一些很好的观点,但是她的思维方式是一条危险的坡道。在我看来,这是在为传统意义上的自私自利辩护,给它换个名头,就轻而易举地变成自我肯定了。与其说是遵循黄金定律,我倒不如给自己一顶黄金降落伞。我们很多人都碰到过对下属颐指气使的老板,而大家大概也觉得,他们自然就是这样的。但什么时候自然就成了标准,成了我们追求的目标？如果真是自然的,那还用得着努力去追求吗？如果我们要为自己定一个标准的话,难道不应高于我们的自然习性吗？动物遵循它们的自然习性,而我们与动物的区别,就在于我们追求更高的标准。

主持人：斯特拉,你有什么回应？

斯特拉：有道理,马文,但是在无私这个问题上,总是要划一道界限的。为了准备今晚的辩论,套用政客的话说,我也作了一些"反对派调查",读了一些关于辛格教授的材料。根据《纽约时报》的报道,他将收入的20%捐给消除饥饿的机构。但为什么只捐20%？我不知道普林斯顿教授的收入具体是多少,但是要我猜的话,如果他除了自身生存的绝对需要之外,把剩下的都捐给世界各地缺少必要生活条件的人,那么他起码得捐个80%。我不知道他只捐20%的理由是什么,但不论怎样,这和我决定不让电车把自己撞死的理由一样。我愿意在某些情况下无私,但并非以我的生命为代价。

主持人: 精彩的辩论。各位听众,大家听完了无私最大化和有限度无私的观点,现在到了电话评论时间。如果您觉得今天的辩论改变了您对达夫妮·琼斯一案的观点,请给我们来电。

今天第一位打进电话的听众是北达科他州法戈市的阿伦·弗罗比舍。阿伦?

阿伦: 我同意马文的这一观点,就是那个被绑在轨道上的人和达夫妮·琼斯面对的情况十分接近。但是我的结论却完全相反。马文说,如果他认可达夫妮·琼斯的行动,那么他也必须以同样的标准来要求自己。

但这个类比也可以从另一个角度去解释。如果我不愿意将电车转向撞死自己,那我也不应该认同达夫妮·琼斯的行为。黄金定律在这儿就很有用。如果我不愿意自己被撞死,那么我也不应该对法利先生这样做。说实话,我是不希望自己被撞死——在这一点上我和斯特拉意见相同。因此,我不应该对法利先生这样做,也不应该允许别人这样做。基本上,我认为达夫妮·琼斯是有罪的。

主持人:嗯。真是发人深思的评论。你看,同样的一条原理,比如黄金定律,可以生发出两个对立的结论来。但我们的听众是很聪明的,这一点我们可以确信。谢谢你,阿伦。

下一位参与的听众是来自亚利桑那州坦帕市的艾莉森·布德罗。你怎么看,艾莉森?

艾莉森:首先我想说,我不同意刚才那位先生的观点。没有人说达夫妮·琼斯"必须"扳动道岔。我认为她"可以"扳动道岔——她这样做不应该被认为有罪。但是我并不认为她有扳动道岔的责任。她如果没有扳动道岔,也不会被认为是道德上的疏失。我认为如果马文愿意扳动道岔而牺牲自己的话,这也是可以的,但我不认为他有这样做的义务。因此,我认为刚才这位听众的观点,即没有扳动道岔、牺牲自己的义务,从逻辑上讲并不意味着他就必须谴责达夫妮·琼斯扳动道岔撞死法利先生的举动。这属于那种做或不做两者皆可的情形,两种选择都不是必须的义务。

主持人:好,谢谢,艾莉森。我理解的意思是,一个道义上允许的行为,不一定是必尽的义务。这对于达夫妮·琼斯一案的陪审团来说,应当是一个重要的区分吧?

现在打来电话的是得克萨斯州达拉斯市的萨拉·沃尔特斯。萨拉?

萨拉:我曾经在某处看到过,说有研究表明,男性和女性作出道德决定的方式是不同的。当女性面对道德难题时,她们更倾向于考虑问题所涉及的人际关系。如果我选了这个而不是那个,会对这些人际关系造成怎样的影响?男性则更倾向于将问题抽象化:怎样才是正义的？怎样才是公平的？谁的权利受到了侵犯？

我刚才听马文和斯特拉的发言时一直在想，也许他们之所以得出了各自的结论，正是由于他们看问题的不同角度。马文看到的是，如果允许电车撞死法利先生，而不愿意牺牲自己，这是有失公平的。（假如他必须选择任凭五人被撞死，或者扳动道岔让电车撞死他的一个亲人、朋友或孩子，这种情况下，不知他会作何选择。我敢打赌，他的感受和他本人被绑在岔道上是不同的。）但是不管怎样，那个被绑在岔道上的人是谁，和决定者是什么关系，他的选择会对这种关系造成怎样的影响，这些因素马文完全没有考虑，实在很令人吃惊。

而在斯特拉的观点中，岔道上的人是谁，和她是什么关系，这都是很重要的。她立刻想到了她的孩子、丈夫、母亲和邻居,还有她自己。

我不确定在真实生活中,他们的行为是否真的会那么大相径庭。马文甚至说,他不确定在真实情况下,他会不会牺牲自己。但关键是,男性比女性更容易将这个难题视作抽象的道德问题。也许男性更倾向于将问题看成数学题,人只是可以互相替代的数字,而女性更倾向于将问题看成一个故事,故事里的人都是有血有肉的。

主持人:哇,又是一个有趣而且经过深思熟虑的观点。萨拉,听你刚才说的,你似乎是读过卡罗尔·吉利根(Carol Gilligan)二十世纪八十年代的著作。她在《不同的声音》一书中对青春期少女进行了研究,发现她们对道德问题的看法与男孩子十分不同。

好。一个小时的节目时间又到了。我们和听众朋友们一起,就当今的热门话题进行辩论和讨论。我们的参与者和往常一样,给出了思维缜密、表达精准的观点。

希望各位继续收听我们的节目。下周的主题是：政府是否应当管控高风险的个人行为？我们将讨论从安全带到高糖饮料的各种相关法规。我是杰夫·萨拉比，我代表"NPR 听众时事辩论会"提醒各位——"时时关心利与弊！"

老师之间的谈话

教工休息室花絮

伦敦大学高等研究院

2013 年 4 月 22 日,星期一

出场人物：奈杰尔·斯特雷斯威特（英国历史教授）、莉兹·威尔金森（应用数学教授）、西奥多·佩恩（工程学高级讲师）、阿利斯泰尔·福克斯（哲学教授）、阿比沃顿·恩泽欧格乌（政治学讲师）。

奈杰尔：你们最近有没有关注美国的一个案子？一个男人被电车撞死的那个？

莉兹：听说了，很有意思。被告人将电车转向，救了五条人命，但他们却要把她关起来，因为她牺牲了另一个人。如果得救的那五个都是女性，而检察官觉得五个女人抵不上一个男人，那我丝毫不觉得吃惊。

西奥多：莉兹,你有意见？

莉兹：这取决于那个男人有多帅。

奈杰尔：这让我想起丘吉尔(Winston Churchill)在"二战"时所作的一个决定。我在我的历史课上给学生布置了关于不列颠之战的阅读。我忘了当初纳粹的V1火箭其实射程不够,只打得到伦敦东南,离市中心还差两英里。丘吉尔手下的高官出了个主意,利用双重间谍让德国人相信,他们的火箭其实打到了伦敦西北,为的是让他们进一步缩短射程,让火箭落在更偏远的东南郊,这样一来,死亡的人数就能减少。但麻烦就是,现在被火箭打到的这一部分人,他们之前并没有危险。高官为这个选择的道德问题再三为难。而当时的国家安全大臣赫伯特·莫里森(Herbert Morrison)坚决反对此项计划。最后,丘吉尔否决了莫里森的意见。在我看来,这真是谢天谢地！V1火箭造成了六千人丧生。只有上帝才知道,要不是丘吉尔,还会死多少人。

莉兹：这听上去的确很像达夫妮·琼斯的选择：牺牲一人，挽救五人。她其实并不希望杀死岔道上那个可怜的家伙，就好像首相并不希望杀死伦敦东南郊的居民一样。和几年前那个美国莽汉推人下桥挡电车不同，她并没有"利用"他的死去达成电车的停止。

奈杰尔：我正是这么认为的。

莉丝：对了，你们有没有觉得，美国人的电车怎么老失控？我从来没听说过英国有电车是这样的。

西奥多：这就是我的工程学生最感兴趣的问题。从统计数据看，美国的电车致人死亡的事故，比孟加拉国还要多。我班上的学生就想研究怎么解决这个问题。

有一个学生在讨论中提出了一个有趣的想法。这并不是什么解决方案，但却涉及其中的道德问题。她问，如果岔道不是一根直道，分开了就分开了，而是绕个圈子又并入主线，而那五个人则站在更远的前方。

奈杰尔：呃……

西奥多：我画个图给你看。

我的学生指出，在这一情形下，假定岔道上的那个人体重至少有 127 公斤，足以令电车停止，避免撞击另外五人。她说她认为达夫妮仍然应当扳动道岔。即便在这种情况下，琼斯女士确实"希望"造成那名男子的死亡……法利，他的名字是法利。在实际的案子中，达夫妮将车导向了一条直行而不并入主线的岔道，所以她当时主观上可能的确希望法利会及时离开铁轨，虽然也许事实上已经不可能了。无论如何，电车撞死法利，是在挽救另外五人的同时，所附带的一个大家都不希望发生的副作用。在插图的这个例子中，她"希望"这名男子不要离开轨道。她"需要"他被电车撞到。她的确是利用他的死来拯救另外五人。但我的学生说,她仍应当扳动道岔。

莉兹:你对学生怎么说?

西奥多:我说她工程成绩得优,但伦理不及格。

开个玩笑。其实我问她,她会不会把那个胖子推下桥。她说不会。我问她为什么,她说在插图的例子中,危险已经存在,总有人会被电车撞死。如果我扳动道岔的话,我只是把危险从五个人身上转移到一个人身上,而达夫妮正是这样做的。然而,那个把胖子推下桥的人,并不仅仅是转移了电车撞死人的危险。他制造了一个全新的危险——作为一个胖子站在桥上的危险。

奈杰尔:嗯,我觉得这有点儿抽象了。那个被牺牲的人总归是死,将他推下桥,和让电车撞死他,这又有什么区别呢?

西奥多:这不就是问题之所在吗?但你也可以问,

达夫妮的情况和将胖子推下桥的情况有什么区别。如果那个被牺牲的人总有一死,那么死法的不同究竟有什么区别?然而,我觉得扳不扳道岔和推不推人下桥,还是有很大不同的。我的学生只是另外设立了一个标准,就是说关键不是达夫妮的动机,而在于她究竟是仅仅转移了一个既有的危险,还是创造了一个新的危险。

莉兹:嗯。我改变看法了。我在某种程度上同意你学生的看法,但是与我心目中的标准依然有所差别。她说不论岔道是直的还是弯的,扳动道岔在道德上都是可以允许的;但是将人推下桥在道德上是错误的——这一点我赞同。但我觉得这跟制造危险还是转移危险无关。我认为,把胖子推下桥之所以错误,是因为其中涉及了亲身的肢体接触。你想想,如果你不必"推"那个人,而是,比方说他站在一个活门上,你一摁开关,活门就会打开,他就会落到下方的轨道上——你会不会摁开关?我想我是会的。

阿利斯泰尔：老天,我肯定不会!你们想来想去,都是在寻找各种使得扳道岔可取而推人下桥不行的细枝末节。奈杰尔,你认为这与达夫妮缺乏杀死法利先生的动机,且没有利用他的死来拯救另外五人有关;西奥多,你的学生认为,这与转移既有危险而非制造新危险有关;莉兹,你认为这与是否有亲身肢体接触有关。你们都把问题搞复杂了。

莉兹：怎么搞复杂了呢?

阿利斯泰尔：达夫妮的无罪和那个推人下桥者的有罪,根源都在于边沁的"最多数人之最大幸福"这条老理。本案中的检察官是错误的。边沁的功利主义原则并没有说,摘取一个健康人的必要器官或者将人推到电车跟前是可取的。为什么呢?因为那个推人者并没有真正达成最多数人的最大幸福。

莉兹：你把我搞糊涂了。

阿利斯泰尔： 因为他的行为并不是处于真空之中的。他违反了一条规则,而这条规则的遵守,是达成最多数人之最大幸福的必要条件。这规则便是——"不能把大家都吓死"。如果所有人都比照那个把胖子推下桥的人,只要可以救更多人的命就随意杀人,就好像审判中提到的那个肾脏警察一样,整个社会将会陷入混乱和恐怖。但是有许多人,的确都会像达夫妮一样行事,而社会却奖赏他们,因为我们并不觉得自己的安全受到了威胁。我们只要想一想,一个民航飞行员为了避免大规模的人员伤亡,将飞机从市中心转向人烟相对稀少的地方迫降,我们会怎样赞美他? 当然,这位飞行员与达夫妮不同的是,他不能选择袖手旁观。但这一点对公众来说似乎并不重要。达夫妮的行为并没有让大多数人受到惊吓,反倒是检察官在耸人听闻。而将那胖子推下桥,的确会令人惊恐。

如果你仅仅考虑五个人的性命还是一个人的性命,你也许会想,边沁会赞成将人推下桥,或者摘取健康人的器官。

> 达夫妮的行为并没有让大多数人受到惊吓,反倒是检察官在耸人听闻。

检察官那番反对边沁的话,也正是由此而起的。但是边沁肯定会考虑更广泛的因素,认识到全民恐怖的痛苦,超过了五人被救的好处。

阿比沃顿: 听完你们刚才这些讨论,我想提供一个第三世界的观点。你们似乎都希望达夫妮·琼斯能脱罪。我就不那么确定。她的确是在扮演上帝的角色。而如果我们都来扮演上帝,那我们真得具备上帝所谓的不偏不倚才行。岔道上的那个人到底是谁?我不得不怀疑,那个人如果名叫钱宁·埃尔斯沃思三世,一个有着私人游艇的亿万富翁;或者是一个名叫拉特雷尔·佩顿的清洁工——这在美国人眼里会不会有所不同。相对于一个少数族裔来说,大多数美国人会不会更倾向于放过一个有钱的白人?说实话,我不敢肯定,我自己会不会更倾向于放过拉特雷尔。我知道我不应该这样,但我究竟会怎么做,我也吃不准。

奈杰尔:好吧,阿比沃顿,你这话真是让人不知怎么回答。

阿比沃顿:我知道。我故意这样说的,因为我现在马上得去上课,而我不想错过大家的讨论!

法官的指示

向陪审团所作的说明

哈伦·特鲁沃西法官

全民民意法庭

2013 年 4 月 22 日,星期一

陪审团的女士们、先生们,诸位已经就达夫妮·琼斯一案听取了控辩双方的举证。现在是你们审慎讨论并作出决定的时候了。你们必须决定,琼斯女士是否犯有故意杀人罪而对切斯特·法利的死亡负责。

两方的观点,在相当程度上都取决于各种类比的强弱。你们虽然可以自由选择判断的方法,但对于这些类比是否恰当,各位也许仍有斟酌的必要。扳动道岔,与将人推到电车面前或者摘除他人的必要器官,是否在伦理上相似?

但是,你们也要注意,判定这些类比是否恰当并非问题的完结。例如,如果你们判定扳动道岔和推人下桥

扳动道岔,与将人推到电车面前,是否在伦理上相似?

并无本质区别,那么你们是否依此判定两人都有罪或者两者都无罪?同样的,如果你们认定扳动道岔与推人下桥在伦理上并不相同,这并不会自动告诉你们这两人是否有罪。

因此,你们需要作出的是一个十分复杂的决定。在全民民意法庭中,你们可以按照各自的意愿用塔罗牌占卜或者丢骰子决定。这样说并不是轻视诸位的意见,而仅是为了说明问题。虽然你们大多数人并不会用塔罗牌占卜,但许多人也许会说:"我的观点感觉上是对的,没有什么能够令我改变意见。"也许到头来,信赖我们自己的是非观才是伦理抉择的正确方法。本庭就此不执立场。但是我要劝告各位,不要太轻易接受后半句话,即"没有什么能够令我改变意见"。我们都知道,有时候,昨天晚上还认定正确的,今天早上就觉得非常错误了。所以我敦促各位,至少认真考虑各方提出的各种论点,并且尽量以理性来支持你们的道德直觉。

现在,我将本案交由你们审议。

陪审团的决定

陪审团四号会议室现场

全民民意法庭

2013 年 4 月 22 日,星期一

各位,我是今天的首席陪审员塞雷娜·赫尔南德斯。我们已经将场外的助理陪审员的意见总结成了卷宗,大家应该都已经看过,我们现在就直入主题。有没有谁想先说说自己当下对本案的看法?如果现在发言,并不表示一会儿听过其他人的意见之后不能改变观点,只不过总得有人开个头而已。有没有谁想第一个发言的?发言的话请先自我介绍一下。

莫琳:那我先说吧。我叫莫琳,是卫生及公众服务部的一名卫生政策分析员。每次我们决定哪些医疗干预应该纳入健保,哪些不应纳入,其实都会对某些人造成不利的后果。在关于平价医疗法案(也就是奥巴马医改方案)的辩论中,意见双方在这个问题上都并非完全坦率。

首先,在医改方案之中,并没有所谓的"死刑委员会",但的确有一个顾问委员会,负责就最佳的医疗手段及相应的鼓励措施向国会作出建议。假如他们建议,某种疗法虽然耗费了几十亿的健保经费,但只能将少数病人的生命延长几天时间,因此不是最佳方案。委员会的理由是,将这些钱花在预防性医疗上,可惠及数千人,成本效益更高。如果国会采纳了他们的建议,那么他们实际上就是作出了一个兼有不良结果的决定。

只要利大于弊,那就可以!政策上的抉择就是这样——如何配置有限的资源,来达成最大的效益。如果有无限多的钱,那么病人家属想要什么,我们就做什么。不幸的是,现实不是这样。我们没有无限的资源。

达夫妮·琼斯也没有无限的选项。如果她是超人,那么她可以找到一个解决方法,保全所有人的性命。她可以像漫画书中那样,飞身举起电车,或者把轨道拖到其他地方,或者采取其他无数办法。但是琼斯女士只有两个选择,而她选择了益处最大的那个,即便这造成了对于法利先生来说非常不好的结果。我们应当判决她无罪。

塞雷娜:谢谢你,莫琳。这位先生,您要发言?

史蒂夫:各位好,我是史蒂夫,美国陆军的一名军官。我在西点军校的时候接受过很多这方面的训练,区分故意杀死平民和在攻击军事目标时意外造成平民死亡。基地组织是故意袭击平民,所以我们才正确地称他们为恐怖分子。当他们摧毁世贸大厦时,并不是因为那是一个合法的军事目标。他们摧毁它的原因,正是因为这会造成大量无辜平民的死亡。

当我们派出无人飞机,从阿富汗穿越边境进入巴基斯坦猎杀敌方人员时,有时候会造成无辜平民死亡,但这不是我们故意的。这是我们实施正当行为保家卫国的同时,发生的我们不愿意见到的后果。有时候,我们基本上可以预见所谓"附带损失"(这是陆军对意外平民死亡的称呼)的发生,但是我们并不"希望"它发生。

我认为,评判的标准是这样的。如果无人飞机执行任务,没有造成任何平民死亡,那么我们会很满意。事实上,如果确实存在任何方法可以令平民提前疏散,或者选择我们确知可以避免平民伤亡的行动时间,我们一定会那样做。然而,当基地组织攻击世贸大厦时,他们故意选择了一个可以造成最多平民死亡的日期和时间。假设,基地组织不知道恰逢劳动节放假,选了一个双子楼中人员很少的时间进行袭击,本·拉登一定会十分失望。

如果琼斯女士有办法避免杀死法利先生,而同样挽救那五人,我相信她一定会那样做。我们因此应当判定她无罪,谢谢。

塞雷娜: 谢谢,史蒂夫。好,坐在我对面的这位先生,请讲。

达伦： 大家好,我是达伦,我在州立大学教哲学。你可以说我是个职业的功利主义者。我认为达夫妮·琼斯无罪。这显而易见。但是问题在这儿：我认为弗兰克·特里梅因,就是那个推人下桥者,同样无罪。史蒂夫刚才是想区分达弗兰克·特里梅因案和达夫妮·琼斯案。他认为需要找一个理由,可以判弗兰克有罪而达夫妮无罪。但事实上,他们俩所作的选择,都造成了最多数人的最大幸福。

我们为什么认为弗兰克的行为如此可恶？这是因为我们的所谓直觉让我们觉得,将一个人推下天桥被直冲而来的电车撞死,特别是以此来挽救另五人的生命,这是一件很不舒服的事。我必须承认,我也觉得不舒服——比如自己扑向一颗手榴弹,以挽救一个排的战友——但这仍然是正确的选择。当然,我们也许有人会觉得,为了公共的利益牺牲别人比牺牲自己更令人难受,但所谓公共利益,其定义就是"最大"利益。因此,我们不应让感情站到理性之前。自苏格拉底以来的所有哲学家都警告我们,那是一条走向毁灭的路。

史蒂夫,即便在军事史上,也有故意杀死平民的行为在严格的功利主义立场上被认为是正确的。我会说,投向广岛和长崎平民的两颗原子弹是合理的,因为这造成了战争的终结,整个世界因此而变得更美好。

塞雷娜: 很有争议性的发言,达伦。我想当时也许有官方的理由,但这种说法在今天就该冒犯很多人了。幸运的是,这不是我们今天要回答的问题。还有谁发言?达伦旁边这位先生。

齐格弗里德: 我叫齐格弗里德,是一名心理医生。刚才说什么推人下桥——这都是疯话,达伦。你该明白吧?至少我希望如此。

弗兰克·特里梅因案宣判后,我的几位同仁对那些认为特里梅因的功利主义选择在道德上正确的人进行

尼可罗·马基雅维利(1469—1527)

与"柏拉图式"和"苏格拉底式"一样,"马基雅维利主义"(Machiavellian)这个口语中的常用词,也来源于一位哲学家的名字。

马基雅维利(Niccolò Machiavelli)出生于佛罗伦萨。在那个文艺复兴的鼎盛时期,中世纪的宗教价值正迅速被人本主义思想取代。世俗的国家基本脱离了过去教会的牵制,蓬勃发展。作为佛罗伦萨共和国的政府秘书,马基雅维利提出的政治建议,其思想基础并非古典时代或中世纪的美德观念,而是争夺、维系世俗权力的现实考量。与古往今来的政客们相比,马基雅维利也许并不是最心狠手辣的,但他的确是最坦率的。比如,他说君主应当"在必要时按需行恶"。

进一步深究心理学家齐格弗里德提到的那项研究,我们就知道,如果有人同意这句话,"别人想听什么就说什么,这是操纵人的最好办法",那么这种人就是"马基雅维利主义者"。按照这一标准来衡量,马基雅维利自己不一定就是马基雅维利主义者——对他来说,问题的关键在于这是否能够增强君主的权力,而且君主能侥幸成功。

了一项研究。他们的假设是,那些认为特里梅因先生行为正确的人,一般都是(a)更心理变态,(b)更马基雅维利主义,而且(c)更虚无主义,认为人生无意义。

为了衡量这三点,他们设计了一些测试,并让认为特里梅因先生有罪的人和认为他无罪的人分别接受测试。结果表明,赞成特里梅因先生推人下桥,与心理变态、马基雅维利主义和虚无主义三种情况的发生几率有很强的关联。是不是很有趣?

塞雷娜: 嗯。齐格弗里德,的确有趣。虽然我不知道这跟达夫妮是否有罪有什么关系。还有谁?

> 赞成特里梅因先生推人下桥,与心理变态、马基雅维利主义和虚无主义三种情况的发生几率有很强的关联。

利兰: 大家好,我叫利兰,是一位小说家。我觉得有意思的是,我们都在设法弄清可以杀掉谁,或者可以任凭谁去死,但却完全不知道这些人是谁。小说家的任务,就是试图去想象这些特殊的情形。说不定这五个人就是因为知道达夫妮会扳动道岔,才把切斯特·法利引诱到岔道上的呢?完美的犯罪。好吧,这有点扯远了。但是如果谁觉得本案的关键是最多数人之最大幸福,那也需要更多的信息才能作出判断。也许我们发现,达夫妮拯救的五个人中有一个诱奸儿童的罪犯呢?也许他们当中有人后来会发现治愈癌症的方法呢——这肯定是好的吧?——但是,情节急转,有一个被她治好的妇女,后来生下一个孩子,孩子长大之后成了连环杀人犯呢?

我知道,这些情节都是恶俗的杜撰,但是我想说的是,我们根本不具备足够的信息,来作出清楚的伦理决定。我们也许以为是在按照后果来判案,但是在座各位有谁敢断言后果究竟包括哪些?正因如此,我们才不应该扮演上帝!而且看在上帝的份上,这也是我们不应该把本案看成一个数学问题的最大的原因!"五大于一"

是不够的。也许在当下,法利先生这个"一"要远远超过那个"五"。达夫妮·琼斯的罪过是她扮演了上帝。她不该采取任何行动,而应当让一切由命运决定。

塞雷娜:利兰,照你的逻辑,那么医生们是不是也不应该挽救任何病人的生命?因为说不定治好的就是一个连环杀人犯呢?

利兰:也许吧。我换个思路。我相信,不论我们各自的理由是什么,大多数人对本案的判断,都是以各自的情感为基础的。而我们情感的反应,基本取决于我们对本案的认识。例如,法利先生是不是让我们想起了自己的父亲?这样会不会让我们更偏向于他,并对他的暴毙感到愤怒?或者,如果我们自己的父亲是个混蛋,那么我们会不会对他产生反感,心想他在铁轨上到底要干什么坏事?我们可以试图将这些反应从思想中剥离出去,但是,我们对琼斯女士的审判,在很大程度上仍然取决于我们自己会不会扳动那个道岔。而如果我们能够诚实面对,必须承认,我们的选择也许在很大程度上取决于岔道上那个人在我们心目中的形象。唯一安全的规则就是:"不可扮演上帝。"

塞雷娜: 还有谁倾向于判定达夫妮·琼斯有罪的?

玛格丽特: 我。大家好,我叫玛格丽特,是人权观察组织的一位律师。史蒂夫,你的意思似乎是说"附带损害"(例如法利先生的死)和有意杀死一个无辜者是有所区别的。达伦则认为扳动道岔和推人下桥之间并无太大差异,因此他认为达夫妮和弗兰克·特里梅因都是无罪的。

我也认为这两者之间没有什么差异,这一点我和达伦意见相同。但是我得到的结论却完全相反:我认为达夫妮和弗兰克都是有罪的。他们俩都侵犯了他人的权利,或者是"允许了死亡的发生"。我们有义务不将别人推到电车前,也有义务不摘取他人内脏,不论因此能够造成多好的后果,概莫能外。正如我们人权观察组织所坚信的那样,不论能够取得多么有价值的情报,我们也有义务不对嫌疑人施加酷刑。同样的,不论可以得到多么好的结果,我们仍有义务不扳动道岔,造成一人的死亡。对于切斯特·法利的亲人来说,不论肇事者是积极主动杀人,还是仅仅触发了一系列事件并允许他死亡的发生,两者并无差异。强调两者的区别,就好比说:"我们不对犯人施加酷刑。我们仅仅是把犯人送到另一个国家,允许酷刑的发生。"是的,我知道这正是美国政府曾经持有的立场,但这只是告诉了我们,我们的政府在这一问题上的行动是不道德的。

塞雷娜: 谢谢你,玛格丽特。那位戴蓝色围巾的女士?

南希: 大家好,我叫南希,是一位画家。听过各位的发言之后,我觉得大家说的好像都有道理。但最终,我认为达夫妮·琼斯无罪而弗兰克·特里梅因有罪,我说不清究竟是为什么……我只是骨子里这样觉得。我想这大概就是所谓"直觉"吧。我仅仅知道弗兰克·特里梅因推人下桥是错的,明明白白是错的。而达夫妮·琼斯的行为给我的感觉却完全不同。我觉得本案中的人物,与我并没有什么特别的感情联系(就如利兰所说的那样)。我的决定并没有感情色彩,似乎是出于直觉。我要说的就是这些,很抱歉,可能没有什么说服力,但这是我的底线。这两种情况感觉上不同,我完全不知道为什么这样,但不同就是不同!

塞雷娜: 好。有没有进一步的讨论?没有的话我们就准备投票?好。认为我们应当判达夫妮·琼斯犯有故意杀人罪的请举手?好。认为达夫妮·琼斯没有犯故意杀人罪的请举手?好,陪审团已作出决定。

(答案请看下一页)

你还真以为这一页会有答案?

后 记

然后怎样?

电车学的讨论的确有趣,但然后又怎样呢?我们追随达夫妮·琼斯,经历了审判的跌宕起伏,但到头来,我们是否比当初更为明智了呢?

也许有人相信,正如陪审员南希所认为的那样,我们的道德抉择最终还是出自情感的本能,因此一切分析都只不过是为我们的道德直觉寻找理由罢了。以这种观点来看,思考我们所作的道德区分的基础,譬如扳动道岔和推人下桥之间的区别,似乎除了娱乐之外并无其他价值。我们也许会说,自己在心底深处"知道"某一行为可取而另一行为当责,而我们也许会因此觉得,任何思考和表述仅仅是在寻找理由。事实上,涉及电车学的诸多哲学文献确实沿袭了这一套路,也即彼得·辛格所谓的"在不同情形之间寻找差异,来为我们最初的直觉反应辩护"。如果道德思考归根结底不过是寻找理由,我们也许会问:"那么这还有什么意义?"也许苏格拉底"不经省思的人生不值得活"之语究竟还是错的。

圣母大学的一位社会学家克里斯蒂安·史密斯(Christian Smith)最近发表了一篇颇具争议的论文,研究内容是十八到二十三岁间的"年轻成年人"如何考虑道德问题。史密斯在论文中表达了这样的担忧:在参与调查的年轻人中,很大一部分在考虑道德议题时思维混乱。其中30%表达出了强烈的道德相对主义,例如他们虽然自己不会偷窃,但对于朋友的偷窃行为则不会加以评判。许多人都说:"这取决于他本人是怎么想的。"史密斯这篇论文的核心,并不是说他认为这种观点是错误的(虽然他大概这样想),而是指出,这表明了这些年轻人缺乏对于道德问题的逻辑思维能力。例如,当被问及奴隶制在被废除之前,道德上是否正确时,有些人回答他们无法评判另一个时代人们思考或行为的方式。史密斯认为,这种回答既没有经过仔细思考,也缺乏逻辑。

在史密斯看来,缺乏对于道德观点的表述能力,其实与我们公共教育中一种值得赞许的趋势有所呼应:我们更强调对于不同观点的包容,以及对于其他文化和社会群体的理解。当宽容被一步步扩大,最后变成价值的相对主义时,史密斯认为这就失去了缜密的道德思维。他说,这种浅薄的思想"无法造就优秀的道德抉择以及道德一贯的生活。这其实是一种贫乏"。

然而,史密斯及其同仁却拒绝说,与那些道德观更明确的前辈相比,今日年轻人的实际行为要更糟糕。毕竟,大多数奴隶主,也许对于奴隶制度的合理性持有许多原则和立场。我们也知道,他们当中有不少人甚至用圣经为自己辩护。因此我们又回到了最初的原题:道德哲学为何重要?道德思考究竟有什么用?

首先，我们先解决一个重叠的问题。有些哲学家认为，电车难题跟人的普通经验和实际道德问题脱离得太远，因此缺乏重要性。有一位哲学家在接受一位英国记者采访时说："对不起，我不做电车难题。"也许从这个角度来看，电车难题相当接近于另一个广为人知的情形，也即所谓的"定时炸弹难题"：是否可以通过酷刑，从已知或有嫌疑的恐怖分子口中获取情报。在"9·11"事件之后，许多政客都提出了这样一种情形来为酷刑开脱——许多人命悬一线，而唯一可以救命的情报就在恐怖分子口中！虽然99%的审讯所涉及的问题与这种情形毫无相似之处，但它却在几乎所有关乎酷刑的公开讨论中频频出现。因此，我们也许可以得出结论，类似于电车难题和定时炸弹难题的极端情形，对于明确我们的道德抉择并无价值。

但是，我们也可以得出另一种结论，如果在恐怖主义和定时炸弹的问题上完全依靠直觉，那么我们对于酷刑的道德判断,与经过对酷刑的仔细分析,并将其与定时炸弹的情形小心区分而得出的判断,其实大有不同。

也许电车难题和现实生活中的某个特定抉择之间的区别,也值得进行道德上的思考。虽然现实生活中不大可能遇到电车难题那样的抉择,但是学会将个人权利和最多数人之幸福区分开来,也许会成为现实道德抉择中的一个因素。对于美国宪法的起草人来说,显然如此。而且,就在此前不久,身为总统选举及国会选举中的选民,我们便遇到了这样的情形,需要在人民选择不购买医疗保险的所谓"权利",与强制部分保金用于已患疾病者的医疗保险所造成的更大"幸福"之间作出选择。

我们是否有时会以道德论证来为直觉寻找理由?当然如此。但缜密的道德论证是否也能改变我们对某一行为是否正确的直觉?回答同样是肯定的。奴隶制的废除,其部分原因就是因为拥有一种直觉的人们,在思考上胜过了拥有另一种直觉的人。而我们对于婚姻的直觉,也已经在某些州发生了改变。这也要归功于道德和法律上的讨论。

也许,一切恰如约吉·贝拉(Yogi Berra)所言:电车遇岔路,取之。*

而且,也要说得出理由。

---

* 贝拉的原话是:When you come to a fork in the road, take it。此言一语双关:如果你遇到了岔路/如果你在路上发现一把叉子,捡取了就好。

著作权合同登记号　图字:01-2014-1932

图书在版编目(CIP)数据

电车难题/(美)卡思卡特(Cathcart,T.)著;朱沉之译. —北京:北京大学出版社,2014.6
ISBN 978-7-301-24345-9

Ⅰ.①电…　Ⅱ.①卡…②朱…　Ⅲ.①伦理思想—实验　Ⅳ.①B82-33

中国版本图书馆 CIP 数据核字(2014)第 123754 号

THE TROLLEY PROBLEM OR WOULD YOU THROW THE FAT GUY OFF THE BRIDGE?: A PHILOSOPHICAL CONUNDRUM
by THOMAS CATHCART
Copyright © 2013 by Thomas Cathcart
This edition arranged with WORKMAN PUBLISHING CO.,
through Big Apple Agency, Inc., Labuan, Malaysia.
Simplified Chinese edition copyright © 2014 by PEKING UNIVERSITY PRESS
All rights reserved.

书　　名	电车难题
著作责任者	〔美〕托马斯·卡思卡特　著　朱沉之　译
责任编辑	柯　恒　杨玉洁
标准书号	ISBN 978-7-301-24345-9
出版发行	北京大学出版社
地　　址	北京市海淀区成府路 205 号　100871
网　　址	http://www.pup.cn　http://www.yandayuanzhao.com
电子邮箱	编辑部 yandayuanzhao@pup.cn　总编室 zpup@pup.cn
新浪微博	@北京大学出版社　@北大出版社燕大元照法律图书
电　　话	邮购部 010-62752015　发行部 010-62750672
	编辑部 010-62117788
印　刷　者	北京中科印刷有限公司
经　销　者	新华书店
	787 毫米×1092 毫米　32 开本　5.375 印张　42 千字
	2014 年 6 月第 1 版　2024 年 3 月第 17 次印刷
定　　价	38.00 元

未经许可,不得以任何方式复制或抄袭本书之部分或全部内容。
版权所有,侵权必究
举报电话:010-62752024　电子邮箱:fd@pup.cn
图书如有印装质量问题,请与出版部联系,电话:010-62756370